Mind+ & Kitten 图形化编程实战与进阶

陈国钏　吴　龙　黄文伟　著

电子工业出版社

Publishing House of Electronics Industry

北京·BEIJING

图书在版编目（CIP）数据

Mind+ & Kitten 图形化编程实战与进阶 / 陈国钏，吴龙，黄文伟著 .
—北京：电子工业出版社，2024.5
ISBN 978-7-121-47831-4

I. ① M… II. ①陈… ②吴… ③黄… III. ①程序设计 IV. ① TP311.1

中国国家版本馆 CIP 数据核字（2024）第 092298 号

责任编辑：王佳宇
印　　刷：北京虎彩文化传播有限公司
装　　订：北京虎彩文化传播有限公司
出版发行：电子工业出版社
　　　　　北京市海淀区万寿路 173 信箱　邮编：100036
开　　本：720×1000　1/16　印张：15.5　字数：215.76 千字
版　　次：2024 年 5 月第 1 版
印　　次：2024 年 12 月第 3 次印刷
定　　价：88.00 元

凡所购买电子工业出版社图书有缺损问题，请向购买书店调换。若书店售缺，请与本
社发行部联系，联系及邮购电话：（010）88254888，88258888。
质量投诉请发邮件至 zlts@phei.com.cn，盗版侵权举报请发邮件至 dbqq@phei.com.cn。
本书咨询联系方式：电话（010）88254147；邮箱 wangjy@phei.com.cn。

编程是一门智能语言，会"说"这门语言的不仅有人类，还有以计算机为代表的各种设备。生在 AI 时代的儿童，他们很幸运，有机会用这种独特的语言和世界沟通，用独特的视角认识世界。下面的内容来自 AI 智能生成，我们一起来看看 AI 视角下本书的价值：

图形化编程：开启未来的编程之旅

在如今的信息时代，编程已成为一项重要的技能，而图形化编程在培养孩子们的逻辑思维和创造力方面具有独特的优势。本书旨在帮助孩子们掌握编程基础知识，提高编程思维，通过生动有趣的故事和情境，引导孩子们探索编程的奥秘。

本书共分为 7 章，涵盖图形化编程的基本概念、编程语言的特点、编程实例、以及进阶的编程技巧。通过学习本书，孩子们将学会如何使用图形化编程工具，掌握基本的编程语言，实现各种有趣的编程实例，从而培养孩子们对计算机科学的兴趣和热爱。

让我们一起走进这个充满乐趣的图形化编程的世界。在这个世界里，孩子们将成为编程小达人，用自己的智慧和创造力书写未来的篇章。

本书具有以下的特点和亮点：

1. 生动有趣的故事和情境：通过引人入胜的故事和情境，让孩子们在轻松愉快的氛围中学习编程知识。

2. 图形化编程界面：本书采用了简洁直观的图形化编程界面，方便孩子们理解和学习。

3. 丰富的实例和进阶技巧：通过各种有趣的编程实例和进阶技巧，帮助孩子们深入了解编程的奥秘，提高编程水平。

总之，这是一本适合孩子们学习图形化编程的优秀读物，通过生动有趣的故事和情境引导孩子们掌握编程基础知识，培养编程思维。本书不仅让孩子们在轻松愉快的氛围中学习新知识，还能激发他们对计算机科学的兴趣和热爱。希望通过这本书帮助更多的孩子开启未来的编程之旅。

在一年前，我不敢想象书的前言还可以让 AI 代笔，如今却正在发生，可见在这个时代让计算思维突出的孩子学习编程，让他们会用更好的工具帮助自己成长至关重要。接下来从作者的角度，聊一聊这本书的独特之处，优秀的孩子为什么非常需要这本书？

1. 内容案例是作者多年教学实践案例的精选，具有原创性、独特性和唯一性。本书的案例是高级别的编程，经过多年的一线教学实践，被证明其效果超群，适合自主学习和课堂教学。市场上关于编程的书籍很少有适合一线教学使用的，了解孩子们的年龄特征和心理特征的更是少之又少。

2. 本书从基础编程操作，到算法应用提升，再到人工智能功能及真实获奖案例解析，考虑了编程学习的多种可能性，这是基于多年一线编程教学经验的积累，针对不同的孩子有不同的发展。本书的定位是实用、好用，对于读者很友好，不会盲目地堆算法难度，从底层提升读者的竞争力。

3. 通过真实获奖案例，以及和获奖者的真实对话，揭示获奖作品的独到之处，深入讲解算法技术之外的种种综合技巧，避免被编程技术的难度一叶障目，看不见编程学习应该具备的综合素养。

4. 本书在编写形式上进行了创新，课例循序渐进地展开，融合编程软件自带的素材，以对话形式展开知识学习，力图深入浅出，营造轻松愉悦的阅读氛围。

5. 本书的编程平台选用最常用的国产图形化软件 Mind+ 和 Kitten，它们不仅易用、稳定、免费，而且在信息技术教材、编程比赛或考级中也最普及，可以发挥更强大的功能。从另一个角度看，这两个编程平台自带好用的人工智能或者智能硬件功能，避免了国外图形化编程平台下载困难，网络功能受限等问题。

希望这本书，能帮助从小学阶段到初中阶段对图形化编程感兴趣的孩子，实现从普通到拔尖的转型，在特定的阶段正确开启他们人生的编程之旅。

很荣幸能受邀为陈国钏老师等人的新书作序，也感谢陈老师等人能将多年一线教学的实践案例汇聚成书，为更多从事科技教育的老师们引路。

这本书从艺术出发，激发学生们对编程的兴趣，再从其他学科中寻求教学灵感，融入数学、物理、语文等跨学科元素。不仅让编程变得有趣，更让编程成为学生们表达想法的工具。写一首诗或者做一个小游戏与同伴们分享，没有比这个更欢乐的了。AI体验自然也是少不了的，在第4章，学生们可以感受AI带来的与众不同的体验。最值得一提的是，在第6章有5个不同主题的获奖案例，揭示了获奖作品的独到之处，为学生们提供了创作的灵感。

未来Mind+团队将持续致力于为中小学师生打造优秀的创作工具，让对编程感兴趣的孩子充分发挥天马行空的想象力，让技术不再成为创意想法的瓶颈，激发他们无限的创造力。

余静　蘑菇云科创教育总经理

CONTENTS

第 1 章：软件下载和安装

从现在开始，我们要学习编程了。编程书已经看了好几遍了，我感觉自己已经是编程高手了。

我认为你是纸上谈兵，编程不在计算机上亲手实践怎么能行？就像学钢琴，只看琴谱不弹琴怎么能提高呢？

我这刚刚买了计算机，听说现在最热门的图形化编程工具是 Mind+ 和 Kitten，不仅学校用得多，相关比赛也有很多具体应用。

你还挺专业的，其实编程平台有很多。以你说的这两个工具为例，它们都有在线版和离线版。在网络条件好的情况下，如在家里，可以使用在线版。当然了，大部分人还会选择使用离线版，因为离线版更方便。接下来，我告诉你这两个编程软件的下载和使用方式。

不用啦，通过搜索引擎，我已经找到在线平台和软件下载方式了。如图 1.1 所示，在搜索引擎中输入 Mind+，可以找到 Mind+ 的官方网址，或者直接在地址栏输入官方网址 https://mindplus.cc。这里要注意，搜索到的第一条信息不一定是官方网址，我们需要注意观察。

图 1.1　搜索 Mind+ 的结果

你的提醒很重要，找错官方网站可就麻烦了。Mind+ 有在线版和离线版两种。我们可以在地址栏直接输入网址 https://ide.mindplus.top/，然后进入在线版编程。我更习惯使用离线版，如图 1.2 所示，点击官方网站界面上的"立即下载"按钮，或在地址栏输入网址 https://mindplus.cc/download.html，即可进入离线版的下载界面。

图 1.2　Mind+ 官方网站

我已经安装好离线版的 Mind+ 了，接下来我们来下载 Kitten。可是当我输入"kitten"时，为什么结果是这样的呢？

图 1.3　搜索 kitten 的结果

要注意字母的大小写！我们还可以在地址栏直接输入 Kitten 在线版的网址 https://kitten.codemao.cn/，如图 1.4 所示。但是，我更建议你直接输入编程猫社区的网址 https://shequ.codemao.cn。

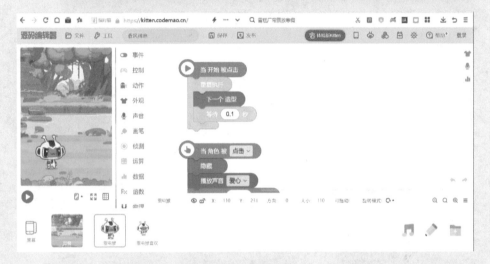

图 1.4　Kitten 在线版

好，我先输入网址 https://shequ.codemao.cn，如图 1.5 所示。哇，这个社区好丰富啊，你看，你看。

图 1.5　编程猫社区

把鼠标移到如图 1.6 所示的位置，就会弹出许多选项，点击"下载"，就会跳转到下载界面，选择其中的源码编辑器客户端，即可完成下载。我们也可以在地址栏中直接输入网址 https://shequ.codemao.cn/download?type=download，这就是我们常说的 Kitten 啦。在课堂上，我们也会经常用到 Mind+ 和 Kitten 的离线版。

图 1.6　Kitten 离线版下载界面

无论是 Mind+ 还是 Kitten，
我都强烈建议你注册账号，
两种工具账号注册的界面分
别如图 1.7、图 1.8 所示。
这样作品可以保存在云端，
随时随地都能打开我们之前
保存的作品，简直太方便了。

图 1.7　Mind+ 账号注册界面　　　图 1.8　Kitten 账号注册界面

总结一下，无论是在线版还是离线版，都可以在编程平台的官方网站上找到，下面的网址可以收
藏一下。

Mind+ 官方网址：https://mindplus.cc/
Mind+ 在线版网址：https://ide.mindplus.top/
Mind+ 离线版下载网址：https://mindplus.cc/download.html
编程猫社区官网：https://shequ.codemao.cn/
Kitten 在线版网址：https://kitten.codemao.cn/
Kitten 离线版下载网址：https://shequ.codemao.cn/download?type=download

这两个编程工具的离线版我已经安装好了，一起开启我们
的编程之旅吧！编程小达人就是我！

第 2 章：艺术喵喵打地基

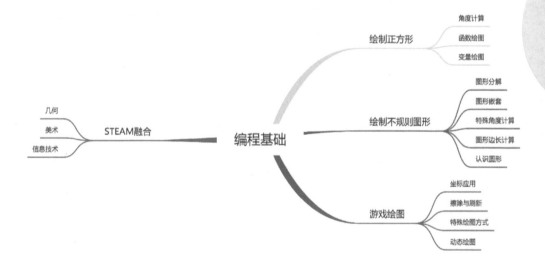

几何
美术
信息技术

STEAM融合

编程基础

绘制正方形
　角度计算
　函数绘图
　变量绘图

绘制不规则图形
　图形分解
　图形嵌套
　特殊角度计算
　图形边长计算
　认识图形

游戏绘图
　坐标应用
　擦除与刷新
　特殊绘图方式
　动态绘图

2.1 正方形走起

2.1.1 画正方形

可以用 LOGO、Python、GoC 等编程软件，通过巧妙的算法设计出各种各样奇妙的艺术图案。用 GoC 软件设计的图案如图 2.1 所示，是不是特别美妙？数学与编程结合起来可以创作出绚丽的艺术图案，这一节我们用图形化编程软件进行设计，先从画正方形开始，然后再绘制艺术图案，快来成为小小设计师吧。

图 2.1 GoC 软件设计的图案

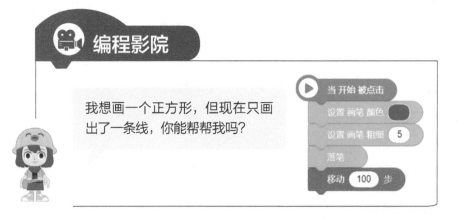

那还不简单，你仔细思考一下正方形是怎么画出来的。我有个建议，你可以沿着正方形路线走一圈。

如下图所示，先向前移动 100 步，然后旋转 90°，再继续向前走，这样就可以画出直角。

原来是这样，先直走 100 步，然后外角旋转 90°，这样就可以啦。你看看我的代码！

可以，你的观察能力太强了，90° 确实是外角旋转的度数。不过，像你这样编程可有点儿麻烦。

我懂了，要使用循环结构，对吧？只要重复执行 4 次，就可以啦！

🎭 智慧戏台

 数据

F·x 函数

∪ 物理

我还有一招，自己创造编程积木。这招可厉害了，选择函数选项，将 *fx* 定义函数 函数1 − + 积木拉出来，如下图所示。

函数

画正方形

确定

然后，点击中间的"函数1"，更改名称为"画正方形"，点击"确定"。

把已经搭好的程序积木放到积木 定义函数 函数1 的下方，这时重新点击函数选项，将积木 画正方形 放到积木 当开始 被点击 的下方。这样就可以画正方形了，如下图所示。

真好玩，我也能自己创造编程积木了。积木 定义函数 画正方形 中有"+"和"-"，我要试试它们有什么功能。

原来是设置参数啊，正方形需要设置边长参数，我把参数名称改为"边长"。

参数

边长

确定

这里的参数就相当于变量，我们可以在新建的函数积木中快速地改变边长这个参数。值得注意的是，这个参数只在这个函数中起作用。

创意剧场

真好玩，我叠加几个画正方形的函数积木，就可以快速地画出不同的正方形了。

学会了画正方形，有没有激发出你的创作火花呢？请你在这里先画出你想设计的图形，再用编程软件画出来吧。

用 Mind+ 绘图，程序代码总体上是相同的，可以参考范例。

对比一下这两个编程平台，发现有哪些不同的地方吗？

Mind+ 剧场

2.1.2 画正多边形

　　画正方形是不是很有趣？现在我们已经能用最简洁的编程积木绘制正方形了，那我们是不是能沿用这样的思路，继续画三角形、六边形呢？其实，以画三角形为例，它和画正方形的方法是完全一样的。认真思考一下这两个图形之间相同的部分和不同的部分，我们会发现关键就在于画笔旋转的角度。观察图 2.2 中的正多边形，你有什么发现？这一节就让我们去探索神秘的正多边形吧。

图 2.2　正多边形

 编程影院

奇怪，我用上一节的方法去画图，怎么画出来的图不是三角形呢？

哈哈，你的思考方式错了，你只抄了代码，但不理解画笔旋转的角度是多少。
你看左图，画第二条边时，你认为要旋转多少度？

是60°还是120°？

其实，画笔要旋转120°，要看外角，而不是内角。你看，这样就能画出三角形了。

智慧戏台

我有点儿懂了，画笔旋转的角度其实就是外角的角度。

对的，无论是正几边形，都可以看作360°被平均分成几份，每一次旋转上一步计算结果的角度就可以。你看，有这样的代码就可以快速地画出三角形。

嗯嗯，原来如此。懂了原理，画正多边形可就方便了，看我画个六边形。

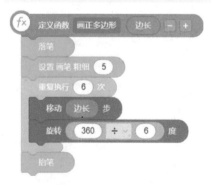

你这样有点儿不方便，像我这样添加一个参数"边数"，那可厉害了，无论是正几边形都能画出来。试试看，有惊喜。

哦！对对对！看我加上颜色变化，大显身手！先别看代码，猜一猜这个漂亮的图形是怎么设计出来的？

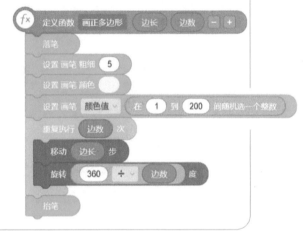

▶ 当 开始 被点击
画正多边形 100 3
画正多边形 100 4
画正多边形 100 5
画正多边形 100 6
画正多边形 100 7
画正多边形 100 8

fx 定义函数 画正多边形 边长 边数 ﹣ ﹢
落笔
设置 画笔 粗细 5
设置 画笔 颜色
设置 画笔 颜色值 ∨ 在 1 到 200 间随机选一个整数
重复执行 边数 次
移动 边长 步
旋转 360 ÷ ∨ 边数 度
抬笔

 创意剧场

上面这些艺术图案是怎么设计出来的呢？选择其中一个，把你的想法写一写、画一画，表示出来吧！

如果仔细分析，你就能发现上面的图形都是由同一个简单图形旋转而成的。我们以下图为例。

观察图形，我们可以知道，它是由 8 个正方形依次旋转 45°（360° 被平均分成 8 份）得到的。如左图所示，我们慢慢地把这 8 个图形拆开，可以得到 8 个独立的图形。

代码这样写就可以啦。

NO！还可以更聪明，像这样，增加一个参数"旋转次数"，这样就可以想怎么画就怎么画了。别人我可不告诉他，快去试试吧。

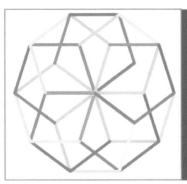

用 Mind+ 绘图，程序代码是基本相同的，可以参考范例。这里的画笔还添加了颜色变换功能，画出来的图形更绚丽多彩了。

Mind+ 剧场

2.2 特殊图案走起

2.2.1 楼梯图

　　我们已经能画出有设计感的艺术图案了，那生活中的图案也能用编程软件画出来吗？其实设计和编程的思路是一样的，只要我们善于观察，发现事物的内在逻辑，问题都是能解决的。这一节我们就尝试着画楼梯。

编程影院

和画正方形类似，我们可以先在纸上尝试着画一画，想一想画楼梯需要哪些步骤。其实思路是一样的，你看，都是前进，向上、前进、向上的路线，对吧？

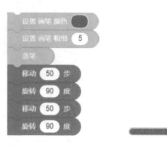

且慢。看着好像对，但是好像又不对。我验证一下，增加循环次数。为什么画出来的是正方形？

哎呀，丢脸了。第一次前进后要向左转，而向上画线之后，应该恢复原来的角度，需要向右转。

还可以用坐标来编程，这样就不容易出现旋转方向错误的问题了。

妙啊，更简洁了，这招我要记下来。按照这个方法新建函数，就可以快速地控制楼梯的层数了。

智慧戏台

上面的楼梯总觉得还没有画完。要怎么变成封闭图形呢？

可以竖着向下画一条线段，再横着向左画一条线段，回到起点。

这个要思考一下，竖着的线段的起点与终点的 Y 坐标应该相差多少呢？

你回想一下，竖着的线段的起点和终点的 Y 坐标和 X 坐标分别变化了多少？

懂了！你真厉害！有几层台阶，Y 坐标就增加了几次固定值。倒推一下，就可以知道竖着的线段的起点和终点的 Y 坐标减少了多少。

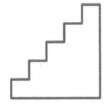

还可以用 "-1" 乘要改变的坐标值，这个方法好用，我已经全部画出来了。

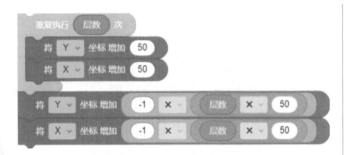

停不下来了，我画了99 层，屏幕都不够用了，哈哈哈。

创意剧场

在 2021 年的晋江市编程比赛中，有一道题目，需要对图形进行涂色填充。可是 Mind+ 没有这个功能啊。

这是 Kitten 的功能，看好了，在这里通过编程对图形涂色，就和在画板上画画一样。

这个功能真好用，我懂了，看我的吧。完美的楼梯出现了！

设置 当前 为 填充 起点

设置 当前 为 填充 终点

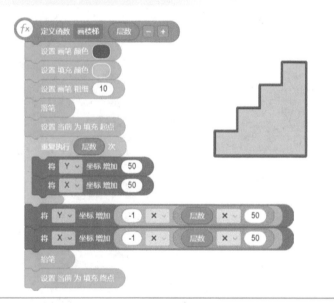

回顾前面的学习内容，都是在画空心图形，尝试着画一画如图所示的楼梯。或者尝试着画不一样的填色图形吧。可以先把你的思路写下来。

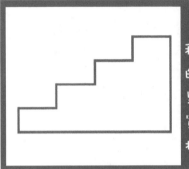

使用 Mind+ 绘图，编程思路和 Kitten 是相同的，可以参考范例。这里还可以自定义楼梯的宽度和高度，画出的楼梯可以符合不同的场景。**Mind+ 剧场**

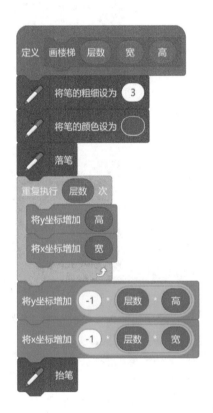

2.2.2　蚊香图

　　观察如图 2.3 所示的蚊香，你能运用编程思维设计这种图形吗？如果我们用三角形、正方形、正六边形等基础图形，可以绘制出类似的图形吗？这种图形虽然看起来简单，很有规律，但是当我们真正动手设计时，往往摸不着头脑，这一节就让我们一起来挑战画蚊香图吧！

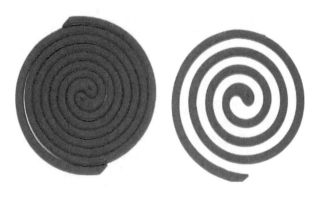

图 2.3　蚊香

编程影院

先以三角形为例，不就是图形越来越大嘛，大家都坐下，看我表演！

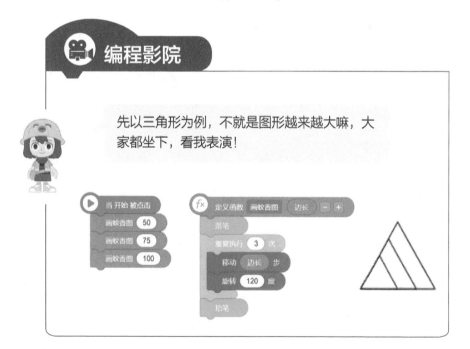

你是用前面学过的知识进行编程的吗？不对啊，画出来后不对啊。

这个……那个……怎么就不对呢？不就是三角形的边长越来越长吗？

你仔细想想，是哪个部分的边越来越长？是画好一个三角形后，下一个三角形的边长越来越长。

我懂了，不是画完一个三角形后直接把边长变长，而是每一条边的边长都变长，但是我想破脑袋，也不知道该怎么编程。

要让每条边的长度在绘制时逐渐变长，用参数是办不到的，这里就要用到一个新知识——变量。点击数据选项，新建变量"边长"。

{+} 新建变量　　　◻️ 新建列表

全部　　　变量　　　列表

{n} 请输入变量名

◉ 全局变量

○ 角色变量

取消　确定

设置变量　边长　的值为　50
重复执行　6　次
　移动　边长　步
　使变量　边长　增加　10
　旋转　120　度

新建变量后，首先确定初始边长，初始值设为50，每次画图时边长都增加10，可以像这样进行编程。

到这里，我就懂了，大家都坐下，看我表演！我还增加了一个参数"圈数"。

很可惜，这个程序还不完善。你将变量圈数的值设为 2，看看是不是能画出来两圈。

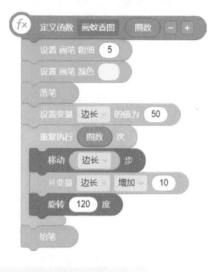

我考虑不全面了，三角形有三条边，重复执行的次数应该为"圈数 ×3"，像下面这样。

就是这样，我要再画一个更大的三角形蚊香图。

智慧戏台

太棒了！原来画蚊香图也没那么难。现在还有一点不太懂，要怎么切换到画正方形的蚊香图呢？

原理是一样的，画正方形就是将旋转角度改为 90°，画五边形也是一样的原理。

哇，太巧妙了，这么简单，我懂了。都坐下，让我表演！就问你酷不酷？

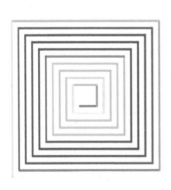

创意剧场

当 开始 被点击
移到 x -250 y 0
画蚊香图 6 4
移到 x -50 y 0
画蚊香图 6 5
移到 x 200 y 0
画蚊香图 5 6

太好玩了，我画了好多图，根本停不下来了。

点赞！点赞！要怎么画出真正的蚊香图呢？

这个我懂，正多边形的边数越多，就越接近于圆，在前面的学习中，我已经发现这个规律了。

我画了一个正五十边形，不好，怎么就飞上去超出屏幕了。

这里要控制初始边长和增加边长的速度，还是有挑战性的。

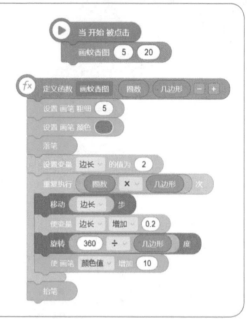

如果想要更接近圆，可以增加边数，每次增加的边长的长度可以小于1，经过不断测试，相信你可以画出最棒的蚊香图。

用 Mind+ 绘图，程序代码是相同的，可以参考范例。这里还可以自定义圈数等参数。

Mind+ 剧场

2.2.3　星光闪闪

如图 2.4 所示，图案是不是特别美？在之前的学习中我们学会了画正多边形，难度已经很高了，但是画正星形（正多角形、正多角星）的难度会更高。这一节我们就要尝试着画一画生活中常见的五角星，相信画完后你一定会惊呼：哇，太神奇啦！

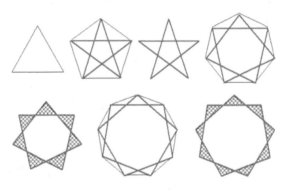

图 2.4　正星形图

在开始学习之前，请你先动手尝试着画一画五角星，挑战一下吧。

 编程影院

唉！画五角星完全没有头绪，怎么办？我只会画正五边形。

对啊，好难，我尝试了 150° 和其他几个角度，结果都不对。我觉得这是一个数学问题。

等一等，我有思路了。如果将五角星放在正五边形里，正五边形的内角是 180° - 72° =108°，如右图所示，就是把正五边形的一个内角均分成 3 份，我猜五角星的内角是 36°。

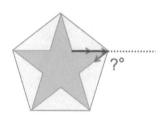

所以在画五角星时，外角需要旋转 180°- 36° =144°。虽然感觉很不严谨，但我觉得可以试一试，实践一下。

外角是 144°，我记住了。这个图形你能自己画出来吗？

智慧戏台

正星形的图案要怎么画呢？画正
七角星应该有规律吧。

我查找了资料，五角星可以被分割成 5 个等腰三角
形和 1 个正五边形。三角形的内角和是 180°，正五
边形的内角和是 180° ×（5-2）=180° ×3=540°，
所以五边形的内角是 540° ÷5=108°。三角形是等
腰三角形，其底角是五边形的外角，即底角 =180° −
108° =72°，那么三角形的顶角是五角星的尖角，即
尖角 =180° −72° ×2=36°。所以，每次画完一条边后，
只需要向右旋转 180° −36° =144°。

其实，我们刚才的理解也没错。是几角星，内角就
是 180° 被平均分成几份，然后直接用 180° −内角，
所得的结果就是外角需要旋转的角度了。

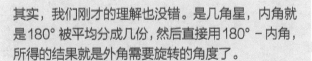

哎呀，结论我先记下，后面再深入理解，还
是开始画图吧，哈哈。

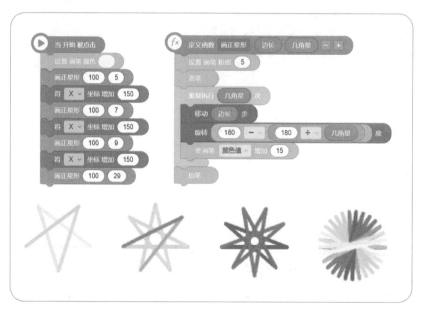

 创意剧场

我真是太喜欢上面的图形了，充满了数学学科的艺术之美。我想画个空心五角星，要怎么画呢？

空心五角星的绘制逻辑和之前画的五角星并不相同。可以将空心五角星看成是由 5 个相同的部分组成的。这里要知道左图中∠1 和∠2 的旋转角度。

∠1 可以看作等腰三角形的一部分，∠1=（180°－36°）÷2=72°，∠2=180°－36°=144°，如果是顺时针旋转，则旋转角度为－144°。

看来学不好数学，连五角星都画不出来，真难啊。
接下来，看我创新一下，你能设计出来吗？

哈哈，我再加个颜色填充，更酷了！这一节太浪费脑细胞了。

当 开始 被点击
设置 画笔 颜色
设置变量 边长 的值为 200
移到 x -200 y 0
重复执行 20 次
  画空心五角星 边长
  将 X 坐标增加 5
  使变量 边长 增加 -10

fx 定义函数 画空心五角星 边长 − +
设置 当前 为填充 起点
设置画笔 粗细 5
落笔
重复执行 5 次
  移动 边长 步
  旋转 72 度
  移动 边长 步
  旋转 -144 度
  使画笔 颜色值 增加 5
抬笔
设置 当前 为填充 终点

还有很多优美的图案，如图所示，你能尝试着画一画吗？如果有不会画的图形，可以先把你的思路写下来。

用Mind+绘图，可以参考范例。这里提供的是正星形的画法，你可以尝试一下。请思考程序中画正星形的参数可以任意填写吗？

Mind+ 剧场

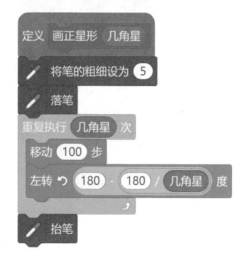

2.2.4 完美的圆

　　如图 2.5 所示，提到圆时大家会想到什么呢？《墨子·经上》中提道："圜，一中同长也。""一中同长"表示每个圆只有一个中心点，这个中心点就是圆心，从圆心到圆上画一条线段，长度都是相等的。这是大家在小学的数学课程中会学到的知识，说明了圆是绝对完美的图形。前面我们学习过正多边形的绘制方法，其实大家已经发现了，图形的边数越多，形状就越趋近于圆，但是即使是一百边形，也不是真正的圆，因为圆的边是曲线。在这一节，我们走进最完美的图形——圆。

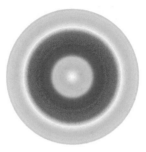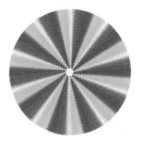

图 2.5　圆

 编程影院

你看我画的图案，这能算作圆吗？

画圆就要确定圆心和半径，但是我想不通它们之间的关系。

这是不可以的，你画的是二十边形。其实图形化编程软件也很难画出数学意义上的圆，只能是无限接近。

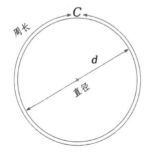

对的，画圆的重点之一是要知道圆的直径或半径。通过查询资料，我们可以知道，圆的周长等于半径的 6 倍多一些。

我也查到了，周长÷直径＝圆周率，圆周率（π）就是圆的周长与直径的比值，是一个无限不循环小数。2021年8月17日，瑞士研究人员使用一台超级计算机，历时108天，将π计算到小数点后62.8万亿位，创下了当时最精确的记录。

3.1415
926535
8979323
84626433
8327950288

圆周率我们通常取3.14这个数值。由于直径是半径的两倍，所以周长就是半径的6.28倍。

按照这样的思路，如果每次旋转1°，那么需要画360次，每次要画的线段的长度就是周长÷360。

移动 (半径 × ∨ 6.28 ÷ ∨ 360) 步

原来是这样，可真巧妙。我来画一个漂亮的圆。如下图所示，这个圆我真是越看越喜欢。

fx 定义函数 画圆 半径 － ＋
　　落笔
　　重复执行 360 次
　　　移动 (半径 × ∨ 6.28 ÷ ∨ 360) 步
　　　旋转 1 度
　　抬笔

如果我给你一个确定的圆心的位置，如 (x_0, y_0)，你还能画出指定的圆吗？

不行不行，我只知道从起点开始画，规定圆心可太难了。

哈哈，看我的。先找对方向走一个半径的距离，然后再画圆，最后再回到起点，不就可以了吗？你就说妙不妙吧？

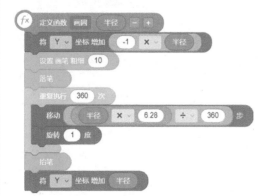

妙啊。按照你的方法，只要不画半径，那就可以快速地画同心圆了。

结合之前所学的知识，用上变量，美丽的圆就可以轻松地画出来了。自己试试吧！

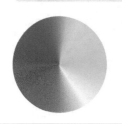

创意剧场

我真是太喜欢圆了，我要到处画圆，画最酷的圆。

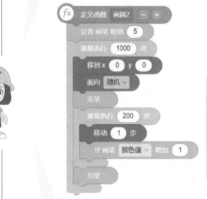

这真是太有趣了，上面的图是由一条条线段组成的，虽然不是圆，但整体看起来又是圆。

是不是觉得程序画得慢？其实我用了小技巧，那就是"一步执行"。点击积木区的"+"，开启扩展积木区。选择"高级工具"，点击"确认添加"。

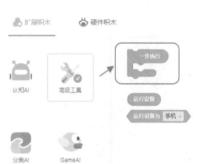

只需要一秒就画好了，不用等很久。画的半径越多，看起来就越像圆。

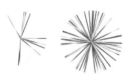

再尝试着去创作吧，圆可以给你带来非常多的惊喜！

用 Mind+ 绘图，程序代码是相同的，可以参考范例。这里提供的是基础圆的画法，快点儿尝试用圆设计艺术图案吧！

Mind+ 剧场

当 ▶ 被点击
移到 x: 0 y: 0
画圆形 100

定义 画圆形 半径
全部擦除
将笔的粗细设为 10
将笔的颜色设为 ◯
落笔
重复执行 360 次
　移动 半径 * 6.28 / 360 步
　右转 ↻ 1 度
抬笔

2.3　绘图游戏走起

2.3.1　对称绘图

如图 2.6 所示，点击新建，在界面上我们能看到"奇异画笔"程序。

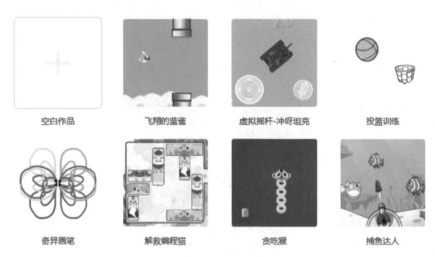

空白作品　　　飞翔的蓝雀　　　虚拟摇杆-冲呀坦克　　　投篮训练

奇异画笔　　　解救编程猫　　　贪吃猴　　　捕鱼达人

图 2.6　Kitten 离线版界面

在"奇异画笔"程序里，我们能同时控制 4 个画笔，画出各种各样的对称图案，如图 2.7 所示。

图 2.7　对称图案

对称图案的效果看起来特别奇幻，而实现的原理却很简单，就是分成 4 个象限，根据坐标进行实时运算。请先认真体验"奇异画笔"程序，在这一节，我们就要了解程序效果实现的逻辑并进行再创作，采用不同的方式实现和"奇异画笔"程序相同的效果，一起来试试吧。

编程影院

创建空白作品，添加角色"画笔"，为了更好地判断画笔方向，我们绘制箭头形状的新角色。在画图区依次画出三角形、长方形，将两个图形组合为箭头，并将画笔的中心点设置在箭头的前端位置。

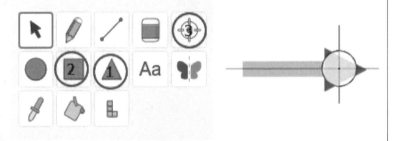

点击鼠标，角色会移动到箭头所在的位置。在这里，我们可以通过坐标定位线条，将舞台切割为四个区域。这里要求只有当鼠标点击第 1 号区域时，箭头才移动到相应位置。

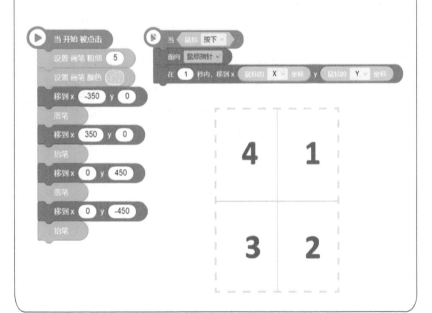

为了准确地控制画笔，我们设置当按下按键"l"，就发送广播"落笔"；当按下按键"t"，就发送广播"抬笔"。当收到这两个广播时，画笔就会分别落笔或者抬笔。

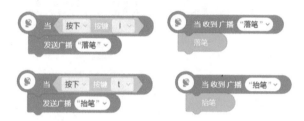

由于要把画笔的活动区域设定在第 1 号区域，所以我们要对画笔的移动进行限制，只有当 X 坐标和 Y 坐标都大于 0 时，才能移动画笔。

2号画笔

现在，要确定的就是在第 2、3、4 号区域如何绘图。我们先以第 2 号区域为例，第 2 号区域内的点和第 1 号区域内的点的 X 坐标相同，但 Y 坐标相反，所以在第 2 号区域的画笔的 Y 坐标可以设定为 1 号区域的画笔的 Y 坐标乘 (–1)。新建角色"2 号画笔"，程序代码如下图所示。

右击角色"2 号画笔",点击
复制,快速改动,添加角色"3
号画笔"和"4 号画笔"。

角色"3 号画笔"在第 3 号区域,主要特点是区域内的点的 X 坐标、
Y 坐标和第 1 号区域内的点的 X 坐标、Y 坐标相反,角色"4 号画笔"
在第 4 号区域,主要特点是区域内的点的 Y 坐标和第 1 号区域内
的点的 Y 坐标相同,X 坐标相反。所以我们可以快速地进行设置。

移到 x 〔 -1 × 〕 画笔 的 X坐标 y 〔 -1 × 〕 画笔 的 Y坐标

移到 x 〔 -1 × 〕 画笔 的 X坐标 y 画笔 的 Y坐标

通过这种方式,我们可以快速地画出上下对称、左右对称的图形,
一起来欣赏一下,然后自己再动手试试吧!

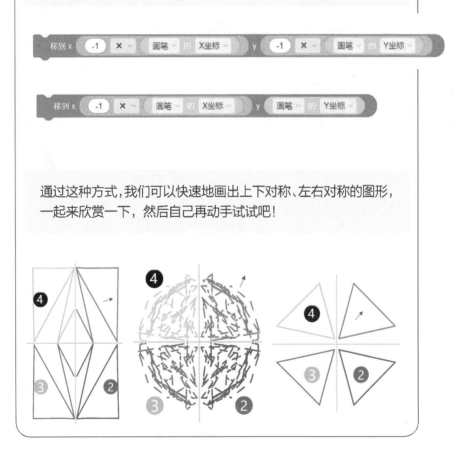

智慧戏台

前面 4 个区域绘制的效果都是差不多的，我们可以稍微修改一下 2 ~ 4 号画笔的代码，让第 2 ~ 4 号区域呈现不同的效果。先从最简单的颜色变换开始，现在对角色"2 号画笔"的代码进行修改。

如果我们想让角色"3 号画笔"画线段，要怎么做呢？对啦，通过让角色"3 号画笔"不断地抬笔、落笔就能实现。

如果我们想让角色"4 号画笔"画铁丝绕圈图，要如何实现呢？我们可以取消角色"4 号画笔"的绘图功能，新建角色"卫星画笔"。你看，画出来的图，是不是非常独特？

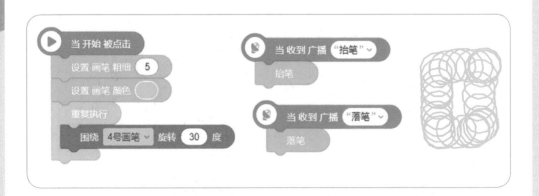

由于下一节我要大显身手了，所以这一节我就不再翻译了，相信大家都能写出代码。

Mind+ 剧场

2.3.2 动态绘图

编程影院

这一节我要放大招了，先看一下获奖作品《AI、算法、艺术疗愈》（福建省创意编程与智能设计比赛），这里只呈现了作品中的一小部分——乱序艺术。

下面的程序我们用 Mind+ 进行创作哦。

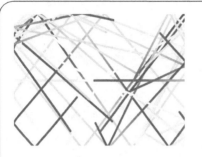 

观察程序代码，大家可以知道，在画笔功能方面，Mind+ 的功能比 Kitten 更强大，饱和度、亮度等参数都可以进行设置。

```
当 ▶ 被点击
全部擦除
播放声音 If - Miracle (奇迹) ▼
设置 画笔颜色 ▼ 的值为 0
重复执行直到 按下 空格 ▼ 键?
    面向 在 1 和 360 之间取随机数 方向
    克隆 自己 ▼
    将 画笔颜色 ▼ 增加 1
    等待 0.1 秒
删除此克隆体
```

```
当作为克隆体启动时
将笔的粗细设为 5
将笔的 颜色 ▼ 设为 变量 画笔颜色
将笔的 饱和度 ▼ 设为 0
落笔
循环执行
    移动 15 步
    碰到边缘就反弹
    将笔的 饱和度 ▼ 增加 1
    将笔的 颜色 ▼ 增加 1
```

```
当按下 空格 ▼ 键
全部擦除
等待 1 秒
设置 画笔颜色 ▼ 的值为 0
重复执行直到 按下 空格 ▼ 键?
    面向 在 1 和 360 之间取随机数 方向
    克隆 自己 ▼
    将 画笔颜色 ▼ 增加 1
删除此克隆体
```

我们还可以进一步处理，如改变画笔的粗细。

或者可以改变线条的旋转方向，即使是小小的变动，也可以带来非常不一样的视觉体验。

从这里开始，我们会呈现非常多的国家级、省级、市级编程比赛的获奖案例，大家可以尝试一下，思考如何设计自己的作品。

突然出现了这么多代码，人们都看得懂吗？循序渐进你懂不懂？这一节还不是你的主场，还是让我来。现在，请大家打开源码编辑器，新建角色"画笔"，我们先画正多边形。

不对啊，这个图形怎么一直在闪烁呢？

我们可以用"一步执行"，这样我们就可以光速般地画图，间隔时间极短，图形就不会闪烁了。

是，这样效果就好多了，程序还添加了填充功能，也添加了变量"改变形状"，这就可以实现正多边形在舞台区移动。

下面这个案例来自一位同学的供稿，她用 Mind+ 设计了动态太极图。这里有两个问题想问问三年级的李同学，第一个问题：这个作品是如何设计出来的？

作品的创意来源于视频号的介绍，希望可以为大家展示太极图的具体形状和程序代码，了解中华文化。

原来是学习来自线上的资源，真厉害！在信息大爆炸的时代，我们要学会用更多的方式去学习。这里复刻为 Kitten 版，共两步，第一步设计如下图所示的角色，第二步写入旋转和图像印章重复执行的代码，运行后就可以显示动态太极图了。

创意很巧妙，第二个问题：在设计时，有哪些注意事项呢？

首先要注意在设计时把其中两个大圆圈和两个小圆圈的位置定好，避免程序在运行时，圆圈的位置奇怪破坏了太极图的美观。同时还要注意把黑白两个大圆圈的距离定好，不然又要重新画了。

智慧戏台

我这边也有一个实际案例。这是庄同学的原创，虽然效果创意来自网页搜索，但是代码是他自己深入研究的，同时也添加了原创想法。我们请他介绍一下吧。

新建两个角色，其中第二个角色的颜色可以选择黄色或绿色等比较鲜艳的颜色，这样展示的彩色效果更好。第一个角色绕一圈之后，将变量状态设置为 0，相当于广播"我准备好了"。

中心　　　外围

接下来对第二个角色进行编程。围绕角色"中心"移动并顺时针旋转 1°（或 -1°），利用反方向运动，即可形成椭圆。程序每执行 25 次，就克隆 1 个图形，这样是为了控制克隆体的数量，不需要太多。如果想使椭圆轨道上的图形数量更多，可以将变量"克隆"被整除时的除数改小。

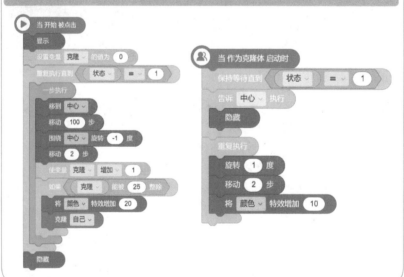

你看，这样就可以出现沿着椭圆轨道运动的彩色圆了，简直太酷了。

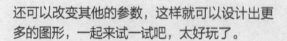

还可以改变其他的参数，这样就可以设计出更多的图形，一起来试一试吧，太好玩了。

第**3**章：多才喵喵真会玩

高级游戏设计技巧

- 坐标
  - 坐标判定
  - 顺序绘图
  - 响度与坐标
- 列表
  - 存储坐标
  - 列表项实时生成删除
- 物理
  - 模式选择
  - 速度与方向
  - 竞赛题解析

- 克隆
  - 图案设计
  - 函数阵列克隆
  - 克隆体效果增强
- 绘图
  - 二次编程
  - 绘制连续线
  - 克隆体绘图
- 变量
  - 私有变量
  - 克隆体精确控制
  - 多变量混合设计

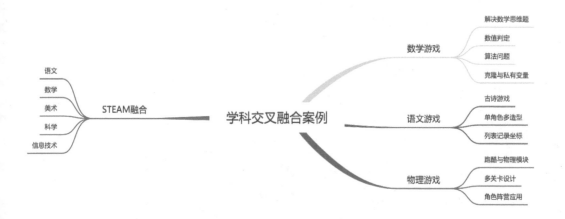

学科交叉融合案例

- STEAM融合
  - 语文
  - 数学
  - 美术
  - 科学
  - 信息技术

- 数学游戏
  - 解决数学思维题
  - 数值判定
  - 算法问题
  - 克隆与私有变量
- 语文游戏
  - 古诗游戏
  - 单角色多造型
  - 列表记录坐标
- 物理游戏
  - 跑酷与物理模块
  - 多关卡设计
  - 角色阵营应用

3.1 高级技巧大放送

3.1.1 克隆真神奇

用画笔绘制各种奇妙的图形，特别考验我们的编程基本功，如何设计出好玩的游戏呢？有一个模块一定要第一个出场，那就是克隆模块，精彩的游戏一定少不了这个模块。

提起克隆，大部分人想到的可能是基因技术。在编程里，克隆技术像孙悟空拔掉身上的毫毛，变出了很多和他一样的分身，然后他还可以控制这些分身的动作。在这一节，我们实现了应用游戏的实例，相信一定能让你大呼过瘾。

 编程影院

仔细观察下面这张图，你能用1个角色来实现吗？
虽然用画笔直接画或者图章功能也可以做到，但
这里我们尝试应用克隆技术，因为在下一个环节，
这些砖块要实现交互功能。

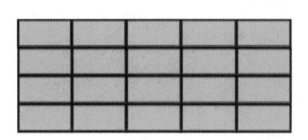

想画出砖墙，必须先画出一块砖。在画板中，通过矩形功能模块，新建 2 个长方形，然后将 2 个长方形重叠在一起，这样就可以得到砖块图形。将新角色重新命名为"砖块"。

将本体砖块放置于舞台的左上角，每次向右移动一块砖的距离，重复执行 5 次，这样就可以得到 5 个克隆体。最后，让本体隐藏，这时可以得到 5 张砖块的图片。这里克隆体的 X 坐标具体增加多少需要通过多次尝试进行确定。

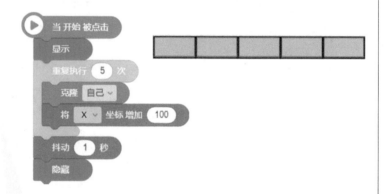

这时难题来了，第二行砖块要怎么处理呢？其实，就是让本体砖块的坐标回到第 1 个克隆体砖块的正下方，再执行和上面相同的克隆命令。为了方便理解，我写了下面的函数。这里要注意，第一行的 5 个砖块是克隆体，第二行的第 1 个砖块则是本体，二者要能被明确区分。

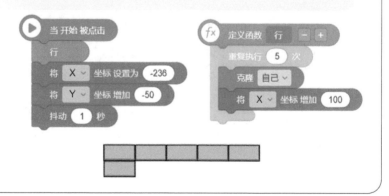

总结一下，无论是第几行砖块，都是上一行砖块克隆结束之后，本体砖块移到第 1 个砖块的 X 坐标，然后 Y 坐标依次减少相应砖块的高度。想要几行砖块就重复执行几次。

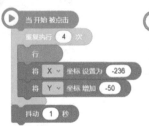

如果想节省时间，实现行列自由，我们可以新建函数"砖块行列"，以后只要输入参数，我们就可以快速地画出想要的砖墙。

如果你输入的参数太大，砖墙会超出舞台，这就要求你自己设置条件，防止这种情况的发生。

另外，如果想要控制砖块的疏密程度，可以修改参数 X 坐标、Y 坐标，例如，将参数设置得更大，这样就可以得到如图所示的砖墙。

一看到这些砖块，我就想到小时候玩的打砖块游戏，如下图所示。我们能不能自己设计一个打砖块的游戏呢？

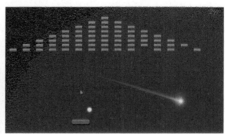

当然可以，学了编程，要是不能自己设计游戏，那和"咸鱼"有什么区别？导入素材库中的角色"弹板"。如果你想自己画长方形弹板也可以。然后对角色"弹板"进行编程，让它能跟随鼠标左右移动。

接下来，就是角色"球"了。我们可以自己画，或者可以导入造型库中的角色"球"。当游戏开始后，球面向随机方向运动，碰到弹板或者画布的上边缘、左边缘、右边缘反弹，碰到画布的下边缘判定为游戏失败。为了改善游戏体验，还可以让球碰到弹板或者砖块，随机旋转一个角度。

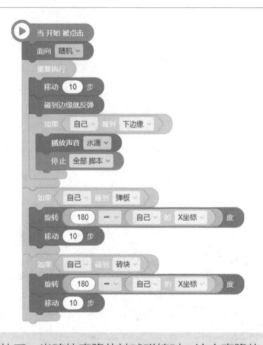

重点就是砖块了，当砖块克隆体被球碰撞时，这个克隆体就要删除自己。这里可以用积木 ，或者循环检测球是否碰到砖块。注意这些代码需要针对砖块克隆体，针对本体是无效的。

这时游戏已经能玩了。可以再想一些创意，让游戏变得更好玩。

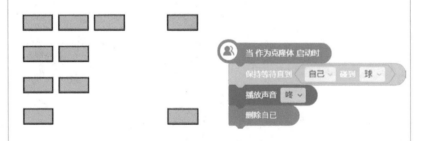

谢谢你，我玩了好多次，还加入了得分、倒计时等变量，游戏更加有趣了。我还有个疑问，这个砖块克隆体就只会乖乖地让球碰撞吗？感觉有点儿单调。

创意剧场

克隆模块的功能可太强大了，接下来我露两招，让克隆体动起来。还是用上面的案例，我导入素材库中的角色"金币"，让金币本体隐藏，然后设置多个克隆体，球如果击中金币，得分就可以比击中砖块更高。

金币

对于球，也可以使用克隆功能。以上面的金币功能为例，当球碰到一个金币，就可以克隆出一个球，一起打砖块，这样游戏就更有趣了。这里要注意，和本体有关的积木就不能用了。

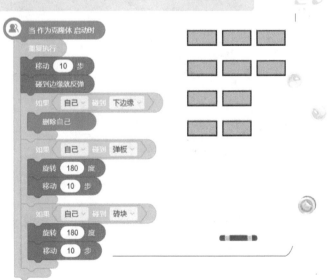

强烈抗议，论克隆功能，好像是我更强大吧。搜索引擎上可以找到很多打砖块游戏，请玩一玩其他人设计的游戏，再运用 Mind+ 设计一个打砖块或者飞机大战的游戏吧！有兴趣的话，可以用 micro:bit 主控板打砖块，也很有趣。

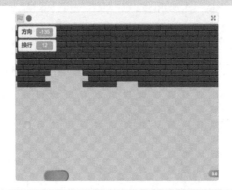

我突然想到可以改变砖块颜色，如下图所示。只增加一行代码，就可以产生特别棒的效果，颜色变化真是太奇妙了。

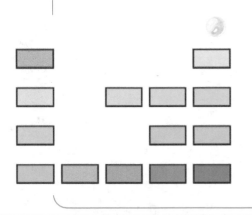

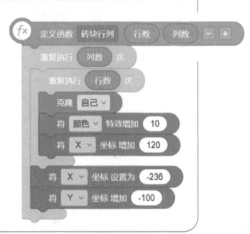

3.1.2 绘画真神奇

　　在前面的章节中，我们学习了用画笔画美丽的图案，其实，画笔的功能可远远不止这些，它还有很多神奇的功能。如图 3.1 所示，当我们点击源码编辑器中的"新建"选项，会提供一些编程项目供我们学习和试玩，这些是我们学习编程的好素材，在尝试体验这些项目时，可不要忘了学习其中的编程思想，尝试改进这些项目。这一节我们将以"地底寻宝"项目为基础进行改造升级，设计生日祝福贺卡，从不同的角度继续挖掘画笔工具的神奇功能，设计非常特别的生日小游戏——生日矿工。

图 3.1　点击"新建"选项后的界面

 编程影院

打开"地底寻宝"后，把所有的代码清空，我们重新开始编程。只留下角色"夹子"和"绳索"，其他的全部删除，角色和背景对应的代码也都要清空。

夹子

绳套

接下来，我们要新建角色"生日快乐"，这个角色有 4 种造型，角色按顺序显示"生""日""快""乐"。通过画板新建角色，在面板中通过圆形工具和文字工具，画出第 1 个图形。圆的颜色和文字的颜色可以自行搭配，文字确定后，可以对其进行拉伸，如下图所示。

"生"字设计好后不要退出，点击右面的  符号，复制第 1 个造型，双击"生"字，就可以更改文字，第 2 个造型改为"日"字。然后依次复制，直到"生""日""快""乐"4 个字完全准备好，保存之后这个角色就有 4 种造型。

在这个游戏中，我们需要用到两个屏幕。先在左上角，单击"屏幕"，再单击"+ 屏幕"添加第 2 个屏幕。然后针对屏幕 1 的背景进行编程，新建变量"得分"，初始值设置为 0，当"生""日""快""乐"4 个字集齐，即得分为 4 时，游戏进入屏幕 2。这里要注意停止屏幕 1 的所有背景音乐，否则如果屏幕 2 内也播放音乐，会出现背景音乐交叉重叠现象。

新建变量"出钩"，当变量"出钩"为 0 时，角色"夹子"需要左右晃动，这里可以通过角度进行控制，如下图所示。

当 开始 被点击
设置变量 出钩 的值为 0

当 出钩 = 0
重复执行直到 自己 的 角度 ≤ -150
旋转 -2 度
重复执行直到 自己 的 角度 ≥ -30
旋转 2 度

当按下鼠标时，就说明准备出钩了，这里将变量"出钩"设置为 1，夹子退出摆动的循环，沿着当前方向不断前进，直到碰到边缘或者碰到角色"生日快乐"，返回原来的位置。之后，将变量"出钩"再次改为 0，夹子继续左右摆动。

当 开始 被点击
重复执行
如果 鼠标 按下
设置变量 出钩 的值为 1
重复执行直到 自己 碰到 边缘 或 自己 碰到 生日快乐
移动 10 步
在 1 秒内，移到 x 0 y 200
设置变量 出钩 的值为 0

当 出钩 = 0
重复执行直到 自己 的 角度 ≤ -150
旋转 -2 度
如果 出钩 = 1
退出循环
重复执行直到 自己 的 角度 ≥ -30
旋转 2 度
如果 出钩 = 1
退出循环

不对啊，这夹子出去后没看到绳索，看起来太奇怪了。

别急，这节课的重点来了，巧用画画模块实时画绳索。让角色"绳索"重复执行从起点到夹子画线的命令，不间断地画线，然后不断地清除画笔，这时看起来就像在夹子和起点之间，连接了一条可长可短的绳子，这个技巧很酷吧。

最后，针对角色"生日快乐"进行编程，只要实现两种情况即可。当角色"生日快乐"碰到夹子，它就乖乖地跟着夹子走，直到碰到角色"绳索"，在隐藏角色前加分，然后隐藏角色并用坐标进行限制，移到特定的区域，展示角色的下一个造型。到这里，简化提效版的生日矿工的屏幕1就做好了，是不是玩到停不下来了？

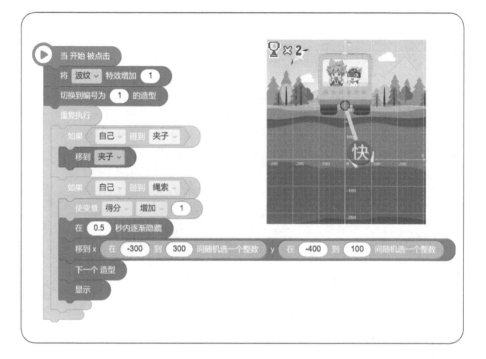

 智慧戏台

用画笔功能实现不间断的绳索效果已经很神奇了，接下来我们再继续把生日祝福做得更有特色。

现在我们要导入一些新的角色和背景音乐。首先是背景音乐，下载好音乐后，在声音选项中进行导入，将本地音乐导入编程项目，如下图所示。

在素材库的素材商城中搜索"生日快乐"，将角色"生日快乐"导入作品并设置动态特效，一直循环执行造型切换的命令。

为了美观，背景也是很重要的。但由于需要遮盖画线特效，背景的功能改为由1个角色承担，让这个角色可以不断地遮盖画线图案。我们需要生日背景图片，可以用搜索引擎查找合适的图片素材。

由于这个角色的作用是当作背景和遮盖线条，所以，让它每隔一段时间执行印章功能即可。

底层图案

真正能实现特效的是画笔功能，通过画笔新建角色"彩色画笔"。和前面的讲解相同，本次的画笔依然不需要具体图案。

画笔每隔一段时间同时复制一些克隆体作为小彩笔，每个克隆体面向随机方向放射彩色线条，烘托生日庆祝氛围。在不断叠加的背景的遮盖下，形成彩色光芒。

彩色画笔

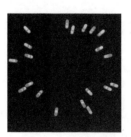

这个时候，就可以唱生日歌啦，没想到编程能达到如此艺术的水平。快设计一个贺卡程序，给你的亲人或者小伙伴一个大大的惊喜吧。

跟我相比，Kitten 的画笔功能有点儿弱，我可是连画笔透明度都能调节的，功能丰富，如下图所示。你可以尝试着利用这些效果，设计下雨、下流星雨、下雪等特殊效果。

Mind+ 剧场

将笔的 颜色 ▾ 增加 10

将笔的 饱和度 ▾ 增加 10

将笔的 亮度 ▾ 增加 10

将笔的 透明度 ▾ 增加 10

3.1.3 变量真神奇

变量，是十分重要的。稍微复杂一点儿的程序需要对变量进行合理运用，在程序中，变量是我们放置数字或字符串的盒子。在前面的讲解中我们经常使用全局变量，这没有问题。但是，相信很多人会有一个疑惑，角色变量到底是什么？它有什么作用呢？

全局变量是任何角色甚至是背景都可以调用的，它相当于教室里的时钟，大家都能看到时间。而角色变量（私有变量）只能适用于当前角色，只有自己知道，相当于你戴了手表，只有自己能看到时间。如果只有自己知道，那有什么用呢？对啦，可以让克隆体知道，都是自家人，我们可以尝试用角色变量精准地控制克隆体。

无论是在线下还是在线上，抽奖活动都很常见，如图 3.2 所示，在这一节，我们将基于角色变量设计一个超级简洁的抽奖游戏。

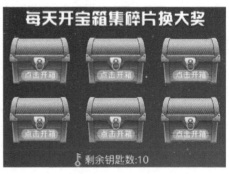

图 3.2　抽奖游戏

在角色库中，导入角色"箱子"。让本体克隆 4 行、5 列的克隆体。代码如下图所示，上方 20 个箱子可用于抽奖，下方的箱子为角色本体，不参与抽奖。

箱子

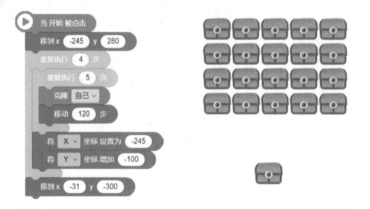

我懂了，当克隆体被点击时，就可以判断是否中奖，对吧？但我还有一个疑问，按道理这种情况下应该导入 20 个"箱子"角色，不然要怎么判断哪一个箱子应该中奖呢？

你的顾虑是正确的，所以我们才需要使用角色变量（私有变量）。先新建全局变量"序号"和角色变量"箱子编号"。这两个变量的类型可不能弄错了，不然后面的程序就无法正常运行了。

{n} 序号

◉ 全局变量

○ 角色变量

取消　确定

{n} 箱子编号

○ 全局变量

◉ 角色变量

取消　确定

在上面程序的基础上，将变量设置为嵌入程序中，每产生 1 个克隆体，将序号增加 1，当克隆体启动时，将每个克隆体的编号依次设定为角色变量"箱子编号"——对应全局变量"序号"。以第 10 个箱子为例，此时变量"序号"为 10，当克隆体产生时，通过变量"序号"告诉我们这个克隆体的序号是 10，并记录在它特有的角色变量"箱子编号"中。

为了观察得更清楚，我们可以让每个克隆体说出专属于自己的角色变量。

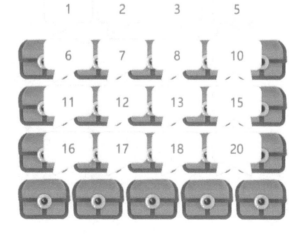

智慧戏台

知道了每个箱子的编号后，想精确地控制克隆体可就如鱼得水了。我们先新建变量"抽奖号码"和"输入数据"，将抽奖号码设置为 1 ~ 20 的一个随机整数，只要我们输入的数据等于抽奖号码，对应的克隆体便会展示获奖特效，否则这个箱子会直接消失。

为角色"箱子"新增奖杯造型，如果抽奖成功，则造型切换为奖杯，并产生获奖特效。

造型　声音　数据

添加造型　画板　导入

普通箱子 1

奖杯 2

我们不需要时刻判断是否抽奖成功，只需要在抽奖时确认即可。当输入数据不为 0 且箱子编号刚好等于输入数据时，进行判断分析。如果这个箱子是一开始设定的抽奖号码，则判断抽奖成功，展示获奖特效。如果抽奖失败，则这个箱子就会自动消失并将变量"输入数据"设定为 0，如下图所示。

这个抽奖系统真好用，以后如果有抽奖活动，我就用它了。

创意剧场

我觉得这套抽奖系统还可以改为游戏版。只要稍微改动一下代码，就能实现不一样的效果，几个人一起玩更好。

程序改为一开始就设定抽奖号码，当克隆体产生时，不再让箱子的克隆体说出自己的号码，而是当箱子编号和克隆体编号相同时，让箱子克隆体做一些动作（如抖动），这需要人们注意观察。

```
当 开始 被点击
设置变量 抽奖号码 的值为  在 1 到 20 间随机选一个整数
移到 x -245 y 280
设置变量 序号 的值为 0
重复执行 4 次
    重复执行 5 次
```

```
当 作为克隆体 启动时
设置变量 箱子编号 的值为 序号
切换到造型 普通箱子
如果 箱子编号 = 抽奖号码
    抖动 0.5 秒
```

我还有一招更厉害！你看，像下图这样，抖动并等待一会儿，然后立刻让箱子克隆体随机移动，这可以考查我们的观察能力和记忆能力。

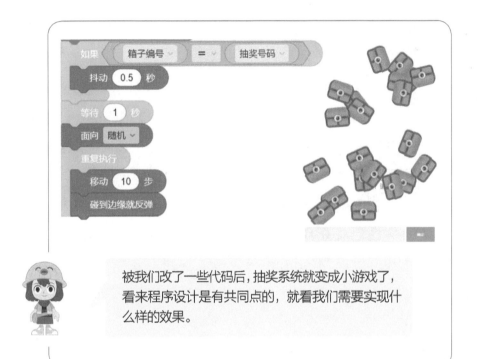

被我们改了一些代码后，抽奖系统就变成小游戏了，看来程序设计是有共同点的，就看我们需要实现什么样的效果。

Kitten 里的角色变量（私有变量）就是我这里的"仅适用于当前角色"，这个变量的信息只有自己知道。当你使用大量的克隆体时，可以用"仅适用于当前角色"进行精确的控制。

Mind+ 剧场

新建变量

新变量名：

○ 适用于所有角色   ● 仅适用于当前角色

取消   确定

3.1.4　坐标真神奇

在图形化编程中，我们经常会用到坐标积木。在小学数学课程中，它叫作数对，在中学数学课程中，它就是直角坐标系。我们用坐标控制角色的位置移动，这样就不用思考角色方向的变化，这在作品设计中特别方便。在这一节，我们会从另外一个角度，结合绘图功能了解坐标积木的应用。

这一节我们将分成两个部分讲解坐标，利用 Kitten 设计恐龙连线图，利用 Mind+ 设计声音响度图。在下一节中，我们将加深难度，介绍列表和坐标系的综合应用。

 编程影院

如右图所示，我们可以找到很多数字连线的资源。除了用铅笔在纸张上连线外，我们是否可以通过图形化编程，设计出漂亮的连线图呢？

肯定是可以的。前面章节中我们已经设计出很多美丽而复杂的图案了，设计连线图还不是轻而易举吗？请观察下面的图，思考一下，你要如何编程？快点儿动手试试吧。

其实思路是比较清晰的。移动到第 1 个点的位置，开始绘图，依次移动到第 2、第 3、第 4 个点的位置，最后移动到第 10 个点的位置。现在的问题是对每个点的坐标的记录有点儿难，眼睛都看花了。

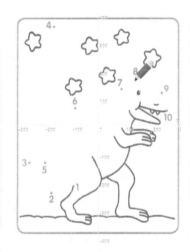

你这样做太麻烦了，其实当你移动角色的位置时，它的坐标会发生改变，如下图所示。只要我们设置好角色的中心点，将其移动到指定位置，就可以获取当前位置的坐标。

笔　　　👁 🔓 (X: 138　Y: 162)　方向: 0

原来如此。那我懂了，先把笔尖移动到第1个点的位置，加入积木 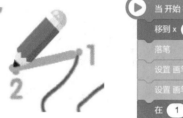，然后落笔，再让画笔在一定时间内移动到第2个点的位置。这里用到了积木 ，如下图所示，看起来更像是画笔画的。

接下来，依次让画笔移动到其他点的位置。我们先把各个点的坐标确定下来，然后鼠标就可以移动到这些位置完成画线了。你看，可爱的小恐龙已经画好了。

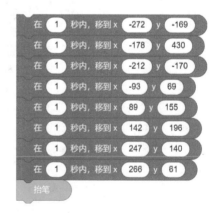

接下来换我展示了，我可要给大家露一手绝活。我记得晋江市编程比赛有一道题目，画函数 $y=ax+b$ 的图像。由于并不是所有人都能理解这个函数图像，我们换一种更有趣的形式，画声音响度图。

声音是由振动产生的。所以，我们以音量大小，也就是声音的响度大小为标准，声音的响度越大，产生的振动幅度越大。以录音功能为例，可以通过观察振动幅度的大小分析这段声音在具体时刻的响度大小，如下图所示。

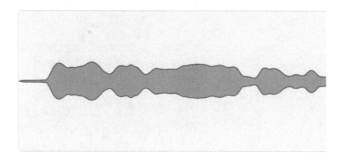

现在，我们要结合 Mind+ 中的侦测模块中的响度积木和坐标相关积木，设计出可以实时侦测现场声音的响度的程序。对于对声音响度敏感的场所，这样的程序还是很有用的。

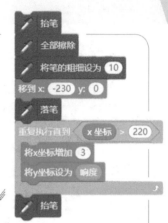

完成初始化设置后，让画笔不断地向右移动，即 x 坐标增加，y 坐标则设置为响度，这样就可以得到对应的声波曲线。

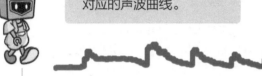

很明显，这样的曲线不够清晰，因为响度的取值范围是 0 ~ 100。所以，我们可以进行特殊处理，让声波曲线的变化幅度更大、更明显。有的时候，为了让程序呈现的效果更好，只需要一点点的改进。

创意剧场

不得不承认这样的程序很实用，但就是不好玩。

改变一下思路，不就可以变成好玩的小游戏了吗？接下来，我要设计一个《声波狗大战西瓜》的游戏。第一步，把角色改为"太空狗"，它就叫"声波狗"了。然后进行设置，让其 y 坐标更小，则响度值变化的范围更大。

然后，再对角色"西瓜"进行编程，先导入内置角色——西瓜。当本体隐藏之后，招募克隆体来打工，让这些克隆体西瓜每隔一段时间就从右向左移动。如果克隆体西瓜移动到画布的右边缘，则让其消失并将得分加 1，如果克隆体西瓜砸到了声波狗，则减少生命值。具体的设定就靠你自己去完善了。

西瓜

好厉害，没想到还能设计出游戏，看来创意才是最重要的。我要用 Kitten 设计一个同样的游戏，真好玩！

3.1.5 列表真神奇

如图 3.3 所示，变量可以看作只有一个抽屉的柜子，里面可以放数字、字符串或布尔值。而列表（链表）可以看作有多个抽屉的大柜子，它可以只有一个抽屉，也可以有多个抽屉，而且抽屉的数量可以随时增减。在前面的章节中我们学习了如何利用变量让游戏更精彩，现在我们要请出变量的大哥——列表，设计出之前从未出现过的特别游戏，让我们先为不轻易出场的列表鼓掌吧。

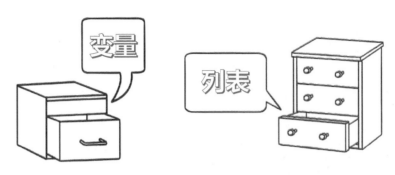

图 3.3 变量和列表的示意图

编程影院

一说到列表，那我可就不困了。这一节我们设计一个猫狗大战的游戏（列表版），这个游戏做出来后肯定会让人惊艳。首先新建角色，如下图所示，前两个角色在 Mind+ 的角色库里，第三个角色是绘图专用，只要新建画板绘制并直接保存即可。

接下来准备背景，绘制两个长方形并将它们分别放置于画布的左右两侧，宽度大概是 60，根据需要进行调整即可，如下图所示。

Cat 2

点点

移动路线

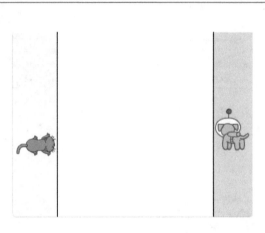

新建两个列表，名称分别是"x 坐标"和"y 坐标"，和命名变量一样，列表也不能被随便命名。

首先对画路线图的角色"移动路线"进行编程。初始化完成后，让它跟随鼠标移动。

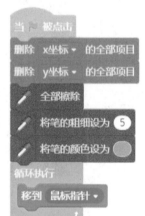

接下来，就是进行判断。当鼠标被按下且鼠标在画布左边的浅黄色区域时，先把列表清空，调用画笔，落笔画线。当松开鼠标时，就设置抬笔并给角色"Cat 2"发送开始行动的信息。这里要把鼠标的 x 坐标、y 坐标分别不断地加入两个列表的后面。

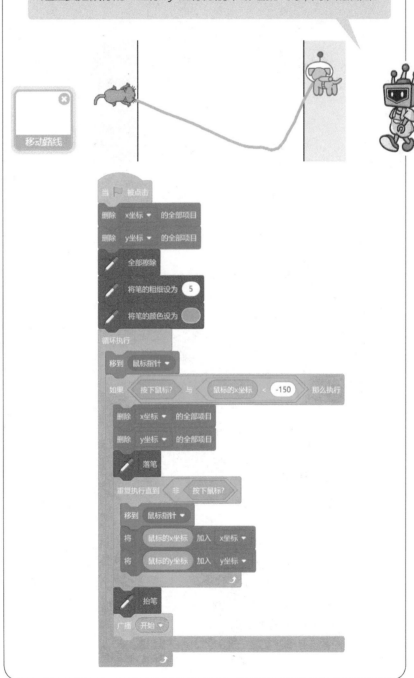

智慧戏台

对于角色"点点"的编程比较简单，只要上下移动即可，如果角色"Cat 2"被角色"点点"抓到，则任务失败。根据游戏难度，可以调节角色"点点"的移动速度。

现在到了编程难度最大的部分了，对角色"Cat 2"进行编程。首先进行初始化，让角色"Cat 2"一开始就出现在画布的左边区域，当收到角色"移动路线"发出的广播"开始"，角色"Cat 2"则立即移动到画笔的起始位置。

刚刚收集的 x 坐标和 y 坐标的数据有多少，对应列表的项目数就是多少，这个数字也是列表的长度。所以，程序只需要执行其中一个列表的项目数次，然后每次都让角色"Cat 2"移动到对应的位置。只要不断地删除列表的第一项，列表的下一项就会依次向前移动。

重复执行 x坐标 ▾ 的项目数 次
移到 x: x坐标 ▾ 的第 1 项 y: y坐标 ▾ 的第 1 项
删除 x坐标 ▾ 的第 1 项
删除 y坐标 ▾ 的第 1 项

不过，也会存在特殊情况，如果角色"Cat 2"遇到角色"点点"要怎么办呢？这个时候，角色"点点"就会发出"汪汪"的叫声，让角色"Cat 2"返回画布的左侧。如果想让游戏更好玩，这里还可以设置生命值等变量，或者可以设置扣分项目。

重复执行 x坐标 ▾ 的项目数 次
移到 x: x坐标 ▾ 的第 1 项 y: y坐标 ▾ 的第 1 项
删除 x坐标 ▾ 的第 1 项
删除 y坐标 ▾ 的第 1 项
等待 0.03 秒
如果 碰到 点点 ▾ ？ 那么执行
　全部擦除
　播放声音 汪汪 ▾
　在 1 秒内滑行到 x: -181 y: 在 -150 和 150 之间取随机数
　停止 这个脚本 ▾

还有一种情况没有编程，那就是如果角色"Cat 2"成功抵达画布的右侧，而且没有遇到角色"点点"。那么，这时角色"Cat 2"直接返回并增加得分 5 分。

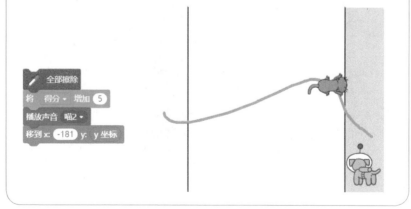

全部擦除
将 得分 ▾ 增加 5
播放声音 喵2 ▾
移到 x: -181 y: y 坐标

对角色"Cat 2"的完整编程代码如下。

 创意剧场

如果角色"Cat 2"没有碰到角色"点点"就能成功抵达画布右侧，总觉得游戏元素不够丰富。我们可以引入变量"得分"，中途加入角色"球"，如果角色"Cat 2"碰到角色"球"或者没有被角色"点点"抓到，就可以分别得到相应的得分。

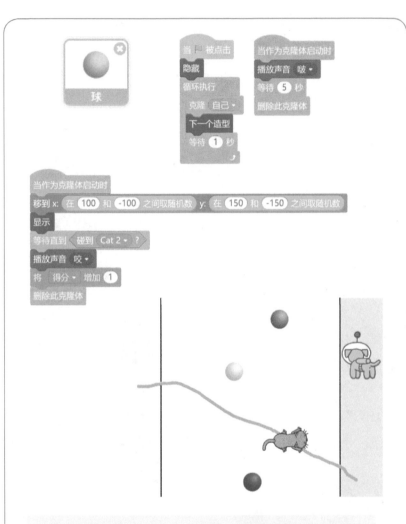

没想到列表和坐标结合在一起能玩出新高度，把"神奇"这两个字大声说出来！后面，我们还会继续用列表设计出更多有趣的游戏。

学到这里，大家应该发现了，不同的图形化编程平台的设计理念是基本相同的，希望大家多尝试不同的编程平台，比较它们之间的异同点。学编程重要的是培养计算思维、设计思维，至于用哪个编程平台，选择你自己喜欢的就可以。

3.1.6 物理真神奇

在前面设计的小游戏中，对于游戏角色来说，它的移动是由坐标决定的，就像在空间站上的物品一样，并不受地球引力的影响。而对于地球上的物品来说，地球引力是不能忽略的。为了让游戏更有代入感，我们会设计考虑地球引力和物体碰撞的游戏系统，分别如图 3.4 和图 3.5 所示。

图 3.4 考虑地球引力的游戏系统

图 3.5 物体碰撞的游戏系统

Kitten 里面包含物理模块，可以通过开启物理引擎，模拟在地球上的情况，还能设置碰撞、摩擦、材质等参数，让游戏有完全不同的体验。在这一节，我们尝试着设计有现实感的趣味游戏。

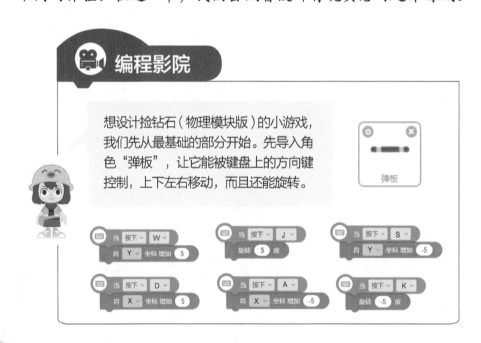

想设计捡钻石（物理模块版）的小游戏，我们先从最基础的部分开始。先导入角色"弹板"，让它能被键盘上的方向键控制，上下左右移动，而且还能旋转。

波浪

导入角色"波浪",让它在画布的最下方可以通过重叠形成海浪效果。

当 开始 被点击
重复执行 5 次
  克隆 自己
  移动 100 步

当 开始 被点击
将 波纹 特效设置为 1
设置 旋转模式 为 左右翻转
重复执行
  碰到边缘就反弹
  移动 1 步

小仙女

导入角色"小仙女",她能左右移动就可以。当然,不写代码直接把她放到画布的上方,也是可以的。

钻石

重头戏来啦,我们要对角色"钻石"进行编程了。点击"+",点击"扩展积木"下的"物理模块"。当程序开始后,就默认角色"钻石"被设定为会被地球吸引并向下掉落,当碰撞到物体(如弹板)时还会倾倒。

数据

Fx 函数

U 物理

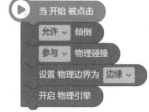

当 开始 被点击
允许 倾倒
参与 物理碰撞
设置 物理边界为 边缘
开启 物理引擎

接下来就是对不同情况的判断。如果碰到角色"波浪"，就给角色"钻石"施加一个方向向上的速度或者力，以速度为例，可以设定这个速度的大小和方向。当角色"钻石"碰到角色"小仙女"时，可以设置为加分，这里采用最简单的方式——重启游戏。

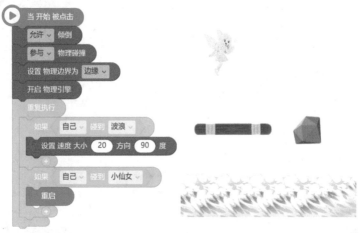

"物理模块"中的积木可真有意思，我尝试了好几次。虽然 Mind+ 其他的功能很强大，但就是没有这项功能，不同的编程平台还真是各有千秋啊。

智慧戏台

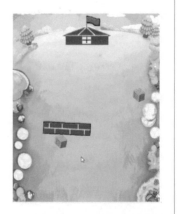

之前，有一道市级编程比赛的压轴题，难住了很多人。你认为你可以挑战成功吗？题目和图片素材如图所示，快来试试吧。

请你根据要求，使用给定素材完成创作。作品要求：

（1）"砖块"从"房子"下方以固定的时间间隔在随机范围内出现，并加速下落（提示：物理引擎）。

（2）"砖块"在下落过程中，如果鼠标在"砖块"左边，则"砖块"会向左移动，如果鼠标在"砖块"右边，则"砖块"会向右移动；如果"砖块"落到"梯子"上，则其停止运动。

（3）"砖块"在碰到"木箱"时，会使"木箱"开始掉落，4秒后，"木箱"会在屏幕内的随机位置再生成。

（4）当叠加起来的"砖块"碰到"房子"时，出现提示"成功"。

现在开始编程，首先导入背景和所有需要的角色，如下图所示。

背景

长方形

房子

箱子(1)

胜利-失败

梯子

"砖块"要从"房子"下方以固定的时间间隔出现并加速下落，所以我们在完成克隆设置后，对克隆体添加"物理模块"的设置。当所有设置完成后，让"砖块"在指定区域出现并自由下落。

长方形

当 开始 被点击
移到 x 10 y 121
隐藏
重复执行
　克隆 自己
　等待 2 秒

当作为克隆体启动时
开启 物理引擎
设置 引力加速度 大小 3 方向 -90 度
参与 物理碰撞
允许 倾倒
移到 x 在 100 到 5 间随机选一个整数 y 160
显示

这道题最难的地方就是对克隆体的设置。因为当克隆体下落时，需要根据鼠标的位置进行移动，当它落到"梯子"上或者其他"砖块"上时，则停止运动。大部分人就被难在这里，因为不能设置为当碰到自己就不移动，这里我们用到了比较巧妙的方法——侦测"砖块"的颜色。

长方形

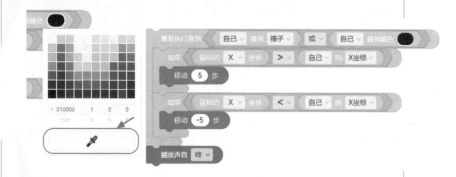

对"箱子"的要求相对简单，只要出现在指定区域，等待被"砖块"碰到即可。当被"砖块"碰到时，"箱子"切换为第二个造型——爆炸，由于切换为爆炸造型，角色变大了，"砖块"在"物理模块"的设置下会被弹飞。

箱子(1)

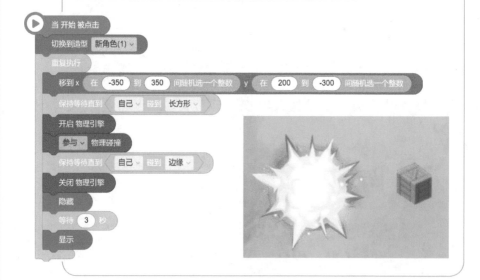

对"房子"的编程最容易了，只要被"砖块"碰到，就发送广播并结束程序。这段代码也可以写进角色"砖块"。

房子

对于角色"胜利－失败"，我们可以自行设计，也可以直接用角色库里的角色。当程序运行时，角色先隐藏，收到广播后再显示即可。

胜利-失败

这个游戏真好玩，我试了很多次，特别是爆炸的效果，太有趣了。

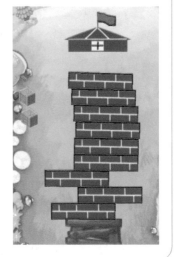

相信你对这个比赛作品已经印象深刻了，如果让你继续创作，你还能想出哪些改进的好方法呢？可以用思维导图的形式写一写，画一画。

3.2　讲好故事不容易

3.2.1　对白有特效

如图 3.6 所示，下面的程序用到了文字特效，采用逐字说话的方式呈现文字内容。

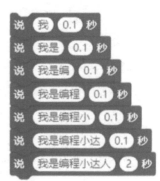

我

我是

我是编

我是编程

我是编程小

我是编程小达

我是编程小达人

图 3.6　文字特效

文字这么多，如果都用上面的方式处理，虽然精神可嘉，但这工作量太可怕了，讲究效率的人是坚决不能接受的。作品酷炫是我们想要的，但省时、省力也是我们坚持的。这一节我们来研究逐字显示的文字特效如何能高效地实现。

编程影院

我想用图形化编程实现逐字阅读的特效，如读李白的《静夜思》，要怎么高效地实现呢？我打字打了好久。

我教你一个简单高效的方法，只要你虚心请教就行。

你别总是拐弯抹角了，求求你快点儿教教我。

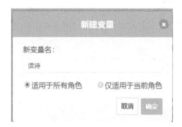

哈哈，好的。首先在代码区，点击变量，分别新建变量"古诗""读诗"和"序号"。

新建变量后，进行初始化。设置变量"古诗"为我们需要的字符串即古诗内容，设置变量"序号"的值为 0 或 1，设置变量"读诗"的值为空白，变量的值一般默认为 0，所以在设置变量"读诗"的值时，需要注意清空原有的内容。

我们先观察之前的程序，以《静夜思》古诗中的第一句为例，请思考文本内容中有哪些相同的地方和不同的地方。

其实就是前面的字保留，后面一句话在前面一句话的基础上增加了一个字，这是最重要的变化。我们可以用一个变量存储要说的字，然后按顺序添加要说的文字内容，不就能实现逐字增加的效果了吗？

例如，变量"读诗"存储了 4 个字，要加入第 5 个字，就可以将变量"古诗"的第 5 个字符连接到变量"读诗"的后面。

哦哦，我有点儿懂了。完成之后，就可以说出变量"读诗"存储的内容，然后将序号加 1，就可以实现逐字说话了。

没错！这样的工作我们要做几次呢？需要看文字内容有多少，《静夜思》一共有 20 个字，所以要执行 20 次。自己试试看吧。

床前明月光，疑是地上霜，
举头望明月，低头

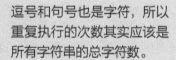

重复执行 20 次
将 序号 ▾ 增加 1
设置 读诗 ▾ 的值为 合并 变量 读诗 变量 古诗 的第 变量 序号 个字符
说 变量 读诗

为什么后面的
文字没显示出
来呢？

逗号和句号也是字符，所以
重复执行的次数其实应该是
所有字符串的总字符数。

床前明月光，疑是地上霜，
举头望明月，低头思故乡。

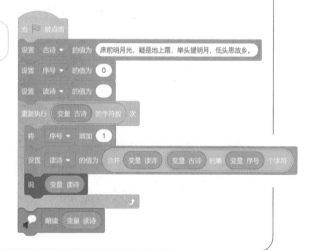

当 ▶ 被点击
设置 古诗 ▾ 的值为 床前明月光，疑是地上霜，举头望明月，低头思故乡。
设置 序号 ▾ 的值为 0
设置 读诗 ▾ 的值为
重复执行 变量 古诗 的字符数 次
将 序号 ▾ 增加 1
设置 读诗 ▾ 的值为 合并 变量 读诗 变量 古诗 的第 变量 序号 个字符
说 变量 读诗
朗读 变量 读诗

 智慧戏台

虽然上面的文字特效已经很酷炫了，但是我们还可以
设计一个高级版的文字特效程序作品。

可以把几首唐诗放到一起，想要学习哪一首，就学习哪一首，这样可以吗?

只要技术好，就无所不能！教你一招，假设在文档中有多首唐诗，我们可以把文档内容一次性地导入，就先以三首唐诗为例。

床前明月光，疑是地上霜。举头望明月，低头思故乡。
白日依山尽，黄河入海流。欲穷千里目，更上一层楼。
春眠不觉晓，处处闻啼鸟。夜来风雨声，花落知多少。

可是我们要怎么区分这三首唐诗呢?

除了用字数控制，我们还可以更机智一点儿，加入一个特定的字符，如“n”，当检测到这个字符，就说明一首唐诗已经输入完成了。

床前明月光，疑是地上霜。举头望明月，低头思故乡。n
白日依山尽，黄河入海流。欲穷千里目，更上一层楼。n
春眠不觉晓，处处闻啼鸟。夜来风雨声，花落知多少。n

现在就很方便了，直接把文档内容全部复制到变量“古诗”中，新建列表“古诗库”，当你点击 ，就会自动地把所有内容分开存储到内容列表中。

哇，果然分开存储了，太方便啦。不对，怎么还是不行，没有自动生成列表。

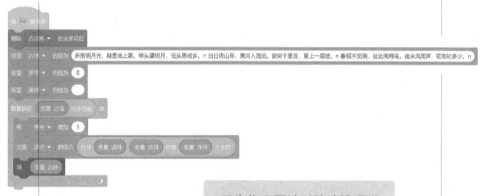

床前明月光，疑是地上霜，举头望明月，低头思故乡，n 白日依山尽，黄河入海流，欲穷千里目，更上一层楼，n 春眠不觉晓，处处闻啼鸟，夜来风雨声，花落知多少，n

因为你还要针对特殊情况进行设置。例如，当检测到字符为"n"时，说明这首唐诗可以加入列表了，然后从下一个字符开始录入下一首唐诗。重复执行的次数根据变量"古诗"的字符串长度确定，代码和列表分别如下图所示。

古诗库		
1	床前明月光，疑是地上霜。举头望明月，低头思故乡。	
2	白日依山尽，黄河入海流。欲穷千里目，更上一层楼。	
3	春眠不觉晓，处处闻啼鸟。夜来风雨声，花落知多少。	
+	长度3	=

 创意剧场

虽然实现起来有点儿难度，但不得不承认这样的处理方式太高效了。我们还能如何最大化地发挥这些代码的价值呢？

既然解决了核心技术问题，我们还可以让这个作品更有艺术性。学科融合也要融合得巧妙一点儿。先加入一句话，让我们选择想听哪一首古诗。如果回答了序号，则根据序号选择列表对应的内容进行回答。

白日依山尽，黄河入海流。
欲穷千里目，更上一层楼。

当角色被点击
说 有 3 首诗：1.静夜思 2.登鹳雀楼 3.春晓
询问 你想听哪一首古诗？ 并等待
说 古诗库 ▼ 的第 回答 项

为了让古诗更有韵味，我们选择扩展中的网络服务，载入文字朗读功能。对代码进行修改，把积木"说"改为积木"朗读"，这里可以预先设定好朗读语言和效果语音包。

显示器　　功能模块　　网络服务　　用户库

已加载：

文字朗读
让你的项目开口说话

哇，没想到能通过人工智能语音朗读古诗，程序中还是有小错误，例如，我输入 0，4，2.5 这些数字，这个程序明显就有问题了。

是的，想要排除各种错误，需要我们不断地对程序进行测试，并不断地修正这些问题，自己动手尝试着解决这些问题吧。我先针对偏大数字的错误输入修改了代码，如下图所示。

太棒啦！现在我就不怕要一条一条地整理文档内容啦，我要大声地告诉全世界图形化编程真是太有趣啦！

不同的编程平台有不同的情况。例如，列表功能在不同的编程平台上有不同的神奇作用。可以打开 Kitten 进行尝试，了解这些程序积木的独特作用。

把 "1,2,3,4" 按 "," 分开成列表

3.2.2　剧情与列表

　　一般情况下，用编程软件设计动画故事既费时又费力，以常见的相声《说成语》为例，如图 3.7 所示，想把这么多的台词逐步呈现很不容易。在前一节中我们虽然提供了很棒的文字特效案例，还用列表存储了信息，但是依然没有解决多角色对话的管理难题。如果我们需要对话，就要临时插入一个新角色，手忙脚乱地设计广播，这样才能让对话呈现。最糟糕的是，很多时候广播已经忘了对应的角色了，因为代码很多，分不清哪个功能块是我们需要的，这导致很多时间浪费在了找代码和排除错误上。

　　这一节我们就要彻底解决这个难题，需要让哪个角色说哪句话，我们统统用列表解决，彻底根除角色管理混乱的问题。

儿童相声剧本台词《说成语》

甲：你会成语吗?

乙：会一些。你呢?

甲：我呀，这么说吧，只要你说出一个数字来，我就能用这个数字
开头说出一个成语。

甲：我是和你开个玩笑。咱们现在正式开始。

乙：好，开始，一。

甲：一马当先、一日三餐、一心一意、一……

乙：行了行了。我再说二。

甲：两全其美、两败俱伤、两面三刀、两……

图 3.7 相声台词

 编程影院

通过上一节的学习，导入台词对我们来说一点儿都不难。这里以台词的前 4 句为例，分别新建变量"初始台词存放""序号对话内容"，新建列表"台词库"。如下图所示，在每一句结尾加入"n"作为标记，然后将剧本内容按对话顺序导入列表。

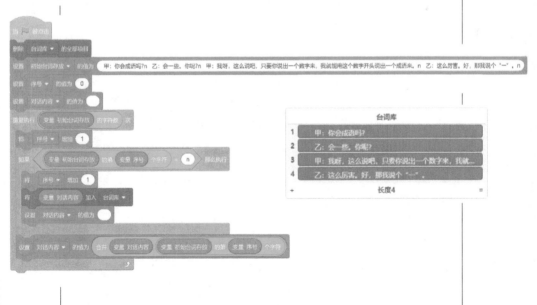

如此一来，台词内容就很清楚了。列表里已经有了所有的台词，我们不用复制、粘贴每一句对话了。可以了，这一节就学到这儿，我非常满足。

学点儿皮毛，你就骄傲。其实最难的部分在上一节中已经涉及了，但我们还是要在这一节继续研究怎样让对话最简洁。首先新建函数"台词"，加入参数"第几句"，新建角色甲，将其命名为"Mind+"，让角色甲说出第1句台词。

甲：你会成语吗？

接下来再新建一个角色乙，将其命名为"猴子"，由于新建函数在不同角色间不通用，所以对于角色乙还要再新建函数。这样就可以完成前两句对话了。

乙：会一些。你呢？

 智慧戏台

不对啊，我又发现问题了。角色甲要说第3句话，应该怎么办？如果要等待几秒或者用广播，那不又回到之前的方法了？这样还是很麻烦。

像我这样的编程高手，怎么能浪费时间去安排台词顺序呢！来来来，新建变量"台词顺序"，对话自主地进行是可以实现的。将对话程序放置在初始化程序的下方，当列表信息初始化完成后，角色之间即可自动进行对话。

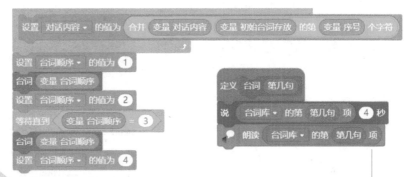

然后对角色乙进行编程，让它能根据变量"台词顺序"的变化情况灵活展开对话，这样角色之间的对话就可以自动进行。

创意剧场

妙啊，即使之后有很多对话，我们也可以安排得井井有条。但是，还有这样一种情况，对话不是按照从上到下的顺序进行的，例如，我想跳过第 3 句话，直接说第 10 句话，积木可就不好用了。

没错，积木是不灵活的，这时我们可以灵活地运用选择结构。现在我们要结合广播来控制对话进度了，设置台词顺序，再选择让任一角色说话，然后就针对这个角色发送广播。

对角色乙进行编程，让它能根据变量"台词顺序"的变化情况灵活地展开对话，这样对话就是自主进行的。在这里，角色乙就直接跳到第 4 句台词，不会按顺序展开。

嗯，原来是这样，目前程序的功能越来越灵活了。

对啊，这个程序还有很强的可扩展性，例如，我们可以在函数中加入"造型编号""角色大小"等参数，让故事的展开更加生动、有趣。我们先对这个剧本内容进行标记，想办法将剧本内容一次或者多次地填充到列表中，设计一个完整的《说成语》相声编程作品吧。

3.2.3　造型与动画

如图 3.8 所示，这是一位学生的作品，这个作品获得了中国科学技术协会编程比赛的奖项。即使是现在，当我们看到这个作品时，仍然会觉得眼花缭乱。它的开场动画做得太棒了，难道 Mind+ 或者 Kitten 有视频播放功能吗？其实没有，作品的动画效果来自大量的造型图片的快速播放。这个作品的开场动画由 120 个造型图片组成，是学生辛辛苦苦地截图 120 次后完成的。

图 3.8　学生作品

提到视频播放效果，我们首先需要了解一个概念：帧。帧就是一个画面，我们都见过或玩过用图画本画画，每一页的画面里的动作都变化一些，然后当我们快速地翻阅时就成了动画，我们将每一张画面叫作一帧。想让画面和看电视一样流畅，需要让人的眼睛感觉不到画面是一幅幅地跳过的，这就需要满足每秒看 20 帧以上，这个数字是根据人的眼睛对光的闪烁的感知能力得到的。相同时间内，帧数越高，画面就越流畅。

在这一节，我们用 Mind+ 或者 Kitten 实现和视频播放效果一样的动画故事场景，相信这一节的作品特效会让你印象深刻。

 编程影院

这一节我不想学了，看上去需要花费很多时间，我想继续睡觉。

想设计这样的作品已经没有那么难了，有很多巧妙的方法。例如，巧妙地使用图片就可以事半功倍。但是，实话实说，想创作出好的作品，花更多的时间和精力不是应该的吗？

哈哈，我只是说一说，为了确保作品的竞争力，还是需要学习的。

有的时候，想实现流畅地播放视频可能需要上百张图片。但有的时候，即使是一张图片也能产生动态效果。为了更好地理解动画原理，我们从两张特殊的图片讲起。观察这两张图片，看起来就是普通的静态图片，对吧？

你的思路我懂，就是让这两张图片围绕圆心旋转，是不是？

哈哈，只是让图片绕圆心旋转很普通。其实秘密就在于图片被平均分成了 10 份，360° 被平均分成 10 份，每次旋转的角度应该是 36°。你再试试，是不是发现马戏团动起来了？

原来是这样，我的眼睛被欺骗了。即使是 1 秒看 10 帧，大脑也能补充为连贯的画面。再去尝试观察另一张图片，看看有哪些特别的效果吧。

智慧戏台

话说回来，我还是不知道怎么设计无比炫酷的动态效果啊。我可不想一张张地截图保存图片，图片去哪里找呢？

我们先从最简单的入手，以2021年12月第二届福建省青少年创意编程与智能设计比赛中的获奖作品《AI 教育 生活》为例，这个作品有开场动画，搭配背景音乐，是不是很精彩？

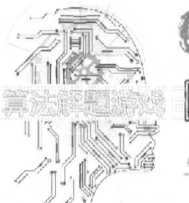

对于小学生来说，如此精彩的开场动画是不太可能自己设计出来的。换个角度，自己不能设计，那去搜索引擎上找，可不可以呢？当然可以。以人工智能相关主题的图片为例，在搜索引擎上搜索图片，再选择其中的动图格式选项，你看，是不是就可以了。

这个小妙招我要记下来，还有很多网站可以找到动图，记下相关的网站资源，我们的设计就可以提升一个档次了。

当然了，以这个机器人图片为例，点击打开需要使用的图片后，对图片点击右键，选择"图片另存为"，将图片保存到指定的文件夹中。

打开 Mind+，点击上传角色，导入之前已经下载的网络动图，这时我们就可以得到有 4 个造型的角色。只要写入造型切换的程序，就可以实现动画效果了。

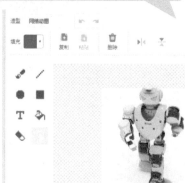

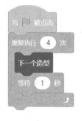

我刚刚下载了一张动图，导入角色后，有几十个造型，真好玩。但是我们也要注意图片的版权，用于自己作品中的图片要明确说明图片来源哦！

是的，要有版权意识，不是原创的就该明确说明。再说一个小细节，动图的播放还可以增加一些效果，如背景音乐的配合、外观特效的加入等，就看你自己的创意了。以作品《AI 教育生活》为例，可以看看它的实现方式。

创意剧场

有的程序需要一帧一帧地保存图片，然后再导入，这需要花费很长时间。有没有更快捷的方法呢？

这个问题我来回答，随便打开一个视频，如果播放软件中有 gif 截图功能，我们就可以快速截图，如下图所示。没有也没关系，到计算机的软件商店，搜索"截图 gif"，一定能找到可以实时截图为 .gif 格式的图片的软件。如果有 gif 录屏软件，那我们想录哪里就录哪里，想要每秒有几帧就有几帧。

现在我们要继续操作了。打开源码编辑器，在扩展积木中选择"视频"模块，导入后即可看到新的视频程序积木。

在新的积木区，点击上传本地视频，将我们需要播放的视频导入。

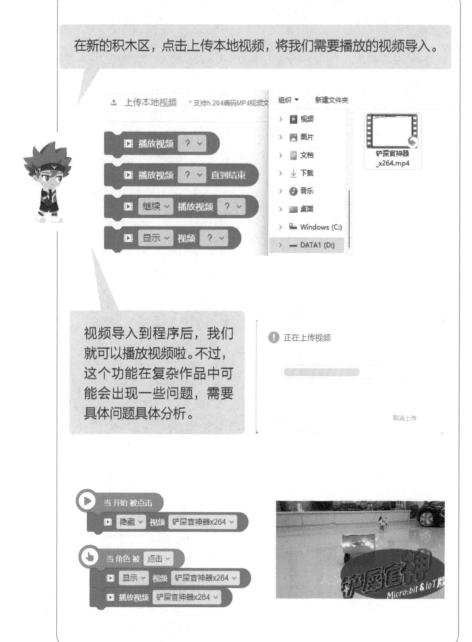

视频导入到程序后，我们就可以播放视频啦。不过，这个功能在复杂作品中可能会出现一些问题，需要具体问题具体分析。

3.3 学科游戏真好玩

3.3.1 数学游戏——输了吃辣椒

前面我们学习了各种各样的编程技巧，我们是不是一定能设计出特别棒的作品呢？还真不一定，好的作品是技术、创意、艺术等多重因素共同作用的结果。

如图3.9所示，在这一节我们尝试设计出融合了数学学科知识的编程作品。

图3.9 数学游戏——输了吃辣椒

● 这个作品的目的就是通过游戏探索隐藏在问题中的数学规律，思考如何运用发现的规律解决问题。

● 游戏开始后，和角色"Fat Cat"一起玩游戏。有24块巧克力和1根超级辣的辣椒，每次可以拿1～3块巧克力，谁最后拿到辣椒，谁就要把辣椒吃掉。

编程影院

其实这应该是一道数学思维题，这种有趣的题目很常见，我们先不用编程解决，把题目抄写到一张纸上，合上书本，尝试着解题吧。

一说到数学，我可就不困了。这种题目我最擅长，以一种思路为例，本质上就是要找出一组规律，1+3=4（块），确保每两次拿走的都是 4 块巧克力，那么当最后剩下 4 块巧克力时，前面拿巧克力的人就没办法了。所以，这个游戏中后面拿巧克力的人一定赢。

接下来我们尝试着用 Mind+ 解决，我们从最基础的部分开始，先导入角色。角色"巧克力""辣椒""辣辣辣"均是从搜索引擎上下载的图片，其中后面两个角色主要用于特效，对于核心算法没有帮助。

 Fat Cat 巧克力 辣椒 辣辣辣

核心角色是"Fat Cat"，其他角色都是辅助的，我们先从初始化开始，新建变量"n"，让角色"Fat Cat"说明一下游戏规则。

 Fat Cat

```
当 🏳 被点击
循环执行
  等待 0.15 秒
  下一个造型
```

```
当 🏳 被点击
移到 x: -145 y: -95
设置 n ▾ 的值为 24
等待 1 秒
说 我们来玩个游戏 1 秒
说 有24块巧克力和1根超级辣的辣椒 2 秒
说 我和你比赛，每次可以拿1~3块巧克力 3 秒
说 谁就输了，必须把这根辣椒吃掉，比赛开始! 2 秒
```

接下来角色"Fat Cat"询问你要拿走几块巧克力。这里表面上是为了公平，让别人先拿，其实这是确保必胜的关键。我们还要注意对输入的数字进行限制，数字太大或太小都是不正常的，需要重新输入，防止作弊。当输入完成后，将变量"n"减小，对应的巧克力的数量也会减少。

当你输入数字后，我们要保证两次拿走的巧克力的数量为 4，所以我要拿走的巧克力的数量就是"4- 回答"，为了表达得更流畅，需要用到合并文本的功能。拿完之后，记得将变量"n"同步减小。

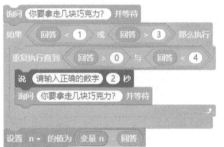

当然，只执行一次是不可能拿完的。所以，我们要根据情况进行判断，当变量"n"还没有减小到 0（或 n<0）时，说明游戏还没有结束，需要继续询问，继续进行游戏。

这个游戏一开始就注定输赢了，最后当 n=0 时，程序提示参与游戏的人输了，并通知其他角色采取行动。

 智慧戏台

游戏的核心算法在于角色"Fat Cat"，已经全部实现后，后面的角色都属于锦上添花，但是"花"也是很重要的，能给人带来很好的体验，而不只是冷冰冰的算法。

至于角色"巧克力"，它的功能是直观地呈现巧克力的数量。所以要先设置 24 块巧克力的位置，用前面学过的克隆技术就可以轻松做到。新建变量"克隆序号"。

最有技巧性的是新建角色变量"编号"，让每个克隆体都有属于自己的序号。重复执行检测克隆体的编号是否比全局变量"n"大，如果比全局变量"n"大，说明这块巧克力已经被拿走了，需要隐藏起来。

当作为克隆体启动时

设置 编号▼ 的值为 变量 克隆序号

显示

循环执行

如果 变量 编号 > 变量 n 那么执行

重复执行 10 次

将 颜色▼ 特效增加 10

删除此克隆体

这一招真是太妙了，立刻呈现了十分生动的动画效果，我怎么就不能想出这样的技巧呢？唉！

角色"辣椒"的功能很单一，只要等到广播"吃辣椒"，就跑到角色"Fat Cat"嘴边，让它吃下火辣辣的辣椒。

当 被点击

将大小设为 20

移到 x: -196 y: -28

显示

循环执行

将大小设为 20

等待 0.35 秒

将大小设为 25

等待 0.15 秒

当接收到 吃辣椒▼

在 1 秒内滑行到 x: -136 y: -84

等待 0.5 秒

隐藏

最后是 .gif 格式的动画角色"辣辣辣"，它来自搜索引擎上的动图，只要能起到特效作用即可。你看，加了这样的动图，程序是不是更加有趣了？哈哈。

这个游戏完成之后，你有没有新的创意呢？我们可以继续尝试用编程解决数学问题，如鸡兔同笼、蜗牛爬杆等，通过这节课的学习，你一定会有新的收获的。

3.3.2　语文游戏——欢乐猜古诗

上一节我们设计了融合数学学科知识的游戏，怎么能没有融合语文学科知识的游戏呢？在这一节，我们再来设计一个游戏。"爆竹声中一岁除，春风送暖入屠苏。"这些古诗你还记得吗？猜古诗可能是孩子们在小时候经常玩的游戏，这一节我们要通过编程来实现，这个作品的角色只有一个，但是综合运用了前面所学的内容，快动手试试吧。

图 3.10　语文游戏——欢乐猜诗

如图 3.10 所示，在这一节我们尝试设计出融合了语文学科知识的编程作品。

● 这个作品的目的是通过游戏学习古诗。

● 游戏开始后，会随机生成文字方阵，必须按照诗句内容正确的顺序点击文字方阵，这样才能顺利过关。

编程影院

在动手编程之前，关键步骤是设计角色造型。这个作品的角色共有 16 个造型，诗句内容占了 14 个造型，第 15 ~ 16 个造型用于占位，可以是和古诗内容无关的文字。让克隆体刚好排列为 4 行 ×4 列的造型，当然这也能起到干扰作用。

那这些角色造型是怎么绘制的呢？我来教你两招。第一招是用自带的画板，通过工具的组合，能设计出好看的角色造型。设计完第 1 个造型后，选中这个造型点击右键，选择复制，修改中间的文字,利用此方法就可以快速地绘制需要的所有角色造型了。

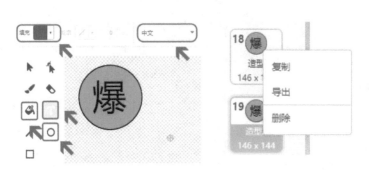

还有第二招，也可以设计出相对复杂的造型。利用 PPT，插入我们需要的形状，如正方体，通过编辑文字来插入文字，通过填充、轮廓、字体等对角色造型进行调整，最后将图片另存为 .png 格式，再导入编程软件。

想完成一个好作品，这些编程软件之外的功夫是必不可少的。一个看起来很有设计感的角色造型，原来可以通过办公软件快速地设计出来。

新建列表"顺序数"和"随机数"，列表"顺序数"用于按顺序存储数字 1 ~ 16，列表"随机数"用于存储上一个列表中被随机打乱后的数据。新建变量"n"，对程序进行初始化，将 1 ~ 16 填充到列表"顺序数"，然后通过变量"n"随机地将列表"顺序数"移动到列表"随机数"中，实现数字 1 ~ 16 的随机存储。

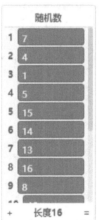

现在，新建列表"x坐标"和"y坐标"，用于存储 16 个克隆体的坐标位置。x坐标的规律是以左侧为起点，每隔 115 步放置一个克隆体，每行 4 个，重复 4 次。y坐标的规律是每行 4 个克隆体的 y 坐标相同，因此最上方的 4 个克隆体的 y 坐标都为 126，减少 85 步后，接下来的 4 个克隆体的 y 坐标相同，以此类推。

删除 x坐标 ▼ 的全部项目
重复执行 4 次
　设置 n ▼ 的值为 -173
　重复执行 4 次
　　将 变量 n 加入 x坐标 ▼
　　将 n ▼ 增加 115

删除 y坐标 ▼ 的全部项目
设置 n ▼ 的值为 126
重复执行 4 次
　重复执行 4 次
　　将 变量 n 加入 y坐标 ▼
　　将 n ▼ 增加 -85

移到 随机位置 ▼
设置 n ▼ 的值为 0
设置 已猜对字数 ▼ 的值为 0
重复执行 16 次
　将 n ▼ 增加 1
　克隆 自己 ▼

隐藏

新建变量"已猜对字数"，将变量"n"初始化为0，然后将本体克隆16次。这里要注意本体已经隐藏，舞台上没有显示任何角色。如果要测试编程是否成功，可以查看列表是否正常填充数据。

 智慧戏台

克隆体启动后，就要随机移动到16个指定位置。这里我们可以运用"随机数"列表，配合变量"n"从数字1～16依次增加，确保每个克隆体移动到x坐标、y坐标对应的位置。这样每次运行程序后，每个克隆体所在的位置都是不同的。

当作为克隆体启动时
显示
换成 变量 n 造型
播放声音 长号 B ▼
在 0.5 秒内滑行到 x: x坐标 ▼ 的第 随机数 ▼ 的第 变量 n 项 项 y: y坐标 ▼ 的第 随机数 ▼ 的第 变量 n 项 项

根据之前所学，需要使用角色变量。当角色变量等于判断值时，判定为点击正确。这里我们再运用一个大家很难想到的创意——造型编号。一开始，我们需要识别造型1的克隆体，这时已猜对字数为0，所以当造型编号等于变量，已猜对字数为1时，说明我们点击的克隆体是正确的。当点击的克隆体不正确时，也要给一个反馈，让我们知道点击错误了。

那要如何判断是不是按顺序点击了古诗的文字呢？

如果变量"已猜对字数"的值为14，说明古诗的文字已按顺序正确点击。这时就需要进行判断，达到这个条件就执行特定操作，结束游戏。

很多时候编程需要的是想象力和创造力，有些积木的应用是我从没想过的。从表面上看这个作品已经设计完成了，但其实这只是一个优秀作品的雏形。我们还可以完善这个作品，如加入恰当的背景音乐，添加更多的古诗。

是的，说得太好了。这个作品还有很强的可塑性，它能变为怎样的作品，取决于你的思考和努力。

3.3.3 物理游戏——超级跳一跳

　　我们可以在搜索引擎上搜索到很多有趣的跑酷游戏，这些作品基本上都是使用一个方块进行闯关的，这样的游戏虽然好玩，但是设计难度也很高。在这一节，我们尝试用源码编辑器的"物理模块"设计一个跑酷游戏，这样可以大幅度降低游戏的开发难度。如果想设计出普通的程序来模拟真实世界的跑酷游戏效果，需要考虑的因素很多，难度太高，在这一节，我们就基于源码编辑器的"物理模块"，设计一个类跑酷游戏——超级跳一跳。

编程影院

我们需要先确定角色，添加素材商城中的角色"编程猫骑扫把"，将其命名为"飞行猫"。当然你也可以添加自己喜欢的角色，这个角色甚至可以是一个正方形木块。接下来画 3 个长方形角色，让角色"飞行猫"可以在此降落。最后还需要一个特殊的角色，添加角色"漩涡"，当碰到角色"漩涡"时，就进入下一关。

| 飞行猫 | 新角色 | 新角色(1) | 新角色(2) | 漩涡 |

当碰到这些长方形角色时，角色"飞行猫"能在这些降落点上站住或者跳跃，所以需要把这些长方形角色统一管理，最方便的做法就是在动作积木区，找到设置角色阵营的选项，将所有实现同一功能的角色都设置为同一种颜色的阵营。这一步需要优先设置，否则当角色"飞行猫"跳跃时容易出现错误。

新角色　　　　新角色(1)　　　　新角色(2)

设置 此角色 可拖动 ∨

设置 旋转模式 为 自由旋转 ∨

设置 角色阵营 为 🚩红色阵营 ∨

▶ 当 开始 被点击

设置 角色阵营 为 🚩红色阵营 ∨

接下来对这些长方形角色的位置和方向进行初步调整，两个长方形角色之间的距离需要在写完程序后再反复调整，距离要设置为角色"飞行猫"跳一跳后差不多刚好能够达到的距离，这样游戏才具有可玩性。

接下来对角色"飞行猫"进行初始化。先把画布的显示比例设置为 16：9，然后开启物理引擎。起始的初始化部分不一定和这里讲述的内容一模一样，可以自由发挥，例如，竖版的游戏也不错，碰到边缘反弹不写也可以，但这样设置会增加游戏的难度。

飞行猫

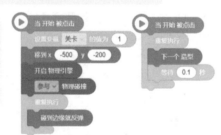

为什么要设置变量"关卡"呢？

在后面我会进一步说明。
对角色"飞行猫"的控制参数的设置是非常重要的，这对游戏体验有影响。这里向左、向右及向上移动的代码看起来很完美，似乎没有问题，但是当程序实际运行时还是会出现问题，请你先按理想化的代码尝试着运行一下吧。

控制部分的程序虽然看起来简单，但是值得我们思考。例如，当我们在第 2 个屏幕玩得不亦乐乎时，有时会发出一些特殊的音效或者执行奇怪的指令，这是因为我们在第 2 个屏幕操作时，第 1 个屏幕的内容还在继续运行。最可怕的情况是当你设计了很多个屏幕的程序时，如果没有进行限制，那场面会很混乱。在这里我们设定当变量"关卡"为 1 时，第 1 个屏幕内的角色才可以移动。

在前面的设定中，当按下向上键（"↑"）时，角色"飞行猫"直接向上飞行，这是哈利·波特版的飞行猫。在这里我们要实现的是当角色"飞行猫"到落点后再跳跃，所以当角色"飞行猫"获得向上的速度后，都要保持等待，禁止向上键（"↑"）的随意使用。

这里还要设定一个失败条件，如角色"飞行猫"掉到画布的下边缘的情形。如果不设定失败条件，当角色"飞行猫"掉到画布的下边缘时，它会慢慢消失。如果以角色"飞行猫"的 Y 坐标为判定条件，当角色"飞行猫"的 Y 坐标小于一个值时，就让其回到原点。这里可以再加入音效和图形特效，游戏的交互性会更好。

 智慧戏台

太棒啦，这样的游戏真是太好玩啦！可是只有一个屏幕，有点儿单调。

漩涡

别急啊，才设计到第一关，这个游戏的特点就是创意无限，我们还可以设计很多非常富有想象力的关卡。接下来我们就开始设计第2个屏幕。先将屏幕扩充到5个，将第5个屏幕当作胜利结束的页面，其他4个屏幕分别对应4个关卡。对角色"漩涡"编写如下代码。

终于到第 2 个屏幕了，还要把相同的代码再写一遍，我写了很久，快夸我！

飞行猫

哪里要这么麻烦？我教你一招，以核心角色"飞行猫"为例，选中它并点击右键，选择"添加到背包"。然后切换到屏幕2，点击屏幕左上角的背包图标，你看看，是不是出现了自带代码的角色"飞行猫（1）"？这里加了编号是为了和屏幕1中的角色进行区分。这里如果询问"变量是否合并"，选择合并即可，当然如果你想分开，新建角色也是可以的。

实用，真的节省时间！还有一个问题，在屏幕 2 中的角色怎么不能用啊？代码都没变啊。

飞行猫(1)

可以复制不代表一劳永逸，需要修改的地方记得要修改。例如，现在不是积木 ▶ 当 开始 被点击 了，而是积木 🖥 当 屏幕 切换到 屏幕2，再执行对应程序。还有变量"关卡"对应的值应该是 2。

```
当屏幕 切换到 屏幕2
设置变量 关卡 的值为 2
移到 x -500  y -200
开启 物理引擎
参与 物理碰撞
重复执行
    碰到边缘就反弹
```

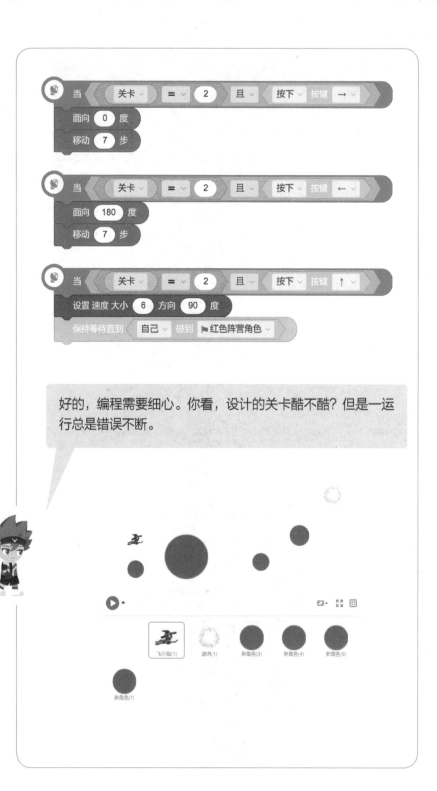

当 关卡 = 2 且 按下 按键 →
面向 0 度
移动 7 步

当 关卡 = 2 且 按下 按键 ←
面向 180 度
移动 7 步

当 关卡 = 2 且 按下 按键 ↑
设置 速度 大小 6 方向 90 度
保持等待直到 自己 碰到 红色阵营角色

好的，编程需要细心。你看，设计的关卡酷不酷？但是一运行总是错误不断。

飞行猫(1)　漩涡(1)　新角色(3)　新角色(4)　新角色(6)

新角色(7)

一看就是忘了写代码或者改参数。如果圆形造型的角色是落点，记得设置角色阵营为红色阵营。对于背包中拿出来的角色"漩涡（1）"，要记得修改对应参数，如下图所示。

到屏幕3了，这次我可没出错，你看，我设计了很有趣的程序。我让星星上下移动，而且可以改变颜色。

第3颗星星则设置为围绕角色"漩涡（2）"旋转，这样游戏的可玩性更高了。

我再露一手，在屏幕 4 我用了 12 个角色。三角形作为落点，还设计了角色"炮弹"，角色"炮弹"从天而降，如果被角色"炮弹"击中则游戏失败，需要回到原点，如下图所示。

炮弹

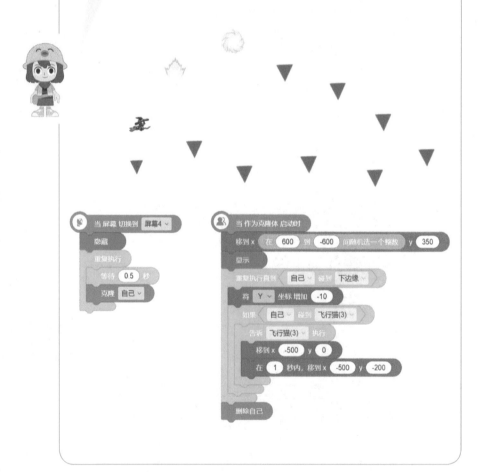

当完成前四关后，就可以进入屏幕 5，它是专门用于庆祝游戏胜利的。背景、角色"胜利"和音效均来自素材商城，可免费获取。角色"烟花绽放"是素材库中自带的。

角色"胜利"主要负责播放音效和实现特定的图形特效，起到氛围烘托的作用。

当 屏幕 切换到 屏幕5
停止 所有 声音
播放声音 光辉胜利
将 波纹 特效设置为 10

角色"烟花绽放"可以很好地烘托游戏胜利的氛围，它在舞台上不断地实现烟花绽放的效果，如果加上合适的音效，效果会更好。

烟花绽放

我可太喜欢这个游戏了，我已经设计了十几关。得分、生命值、倒计时等统统安排了，特殊落点、动态落点、动态障碍物等都不能落下。哈哈，你也动手试试吧。

如果用 Mind+ 进行设计，那么"物理模块"对应的部分就需要用 x 坐标、y 坐标进行合理的控制。但是这点小麻烦怎么能阻碍你进步呢？快动手试试吧！

第 **4** 章：AI 喵喵更强大

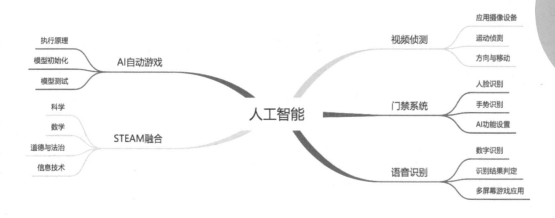

执行原理
模型初始化
模型测试
AI自动游戏

科学
数学
道德与法治
信息技术
STEAM融合

人工智能

视频侦测
应用摄像设备
运动侦测
方向与移动

门禁系统
人脸识别
手势识别
AI功能设置

语音识别
数字识别
识别结果判定
多屏幕游戏应用

4.1 人工智能我来啦

4.1.1 捕捉 AI 狗 (视频侦测版)

如图 4.1 所示, 获奖作品《我的 AI 航天梦》中有个很有趣的部分——航天员出舱。在这个部分里, 航天员要出舱抓 AI 狗, 同时还要注意不能碰到邪恶的外星机器人。这个部分最有意思的是需要使用摄像头, 我们用手或者头去控制航天员的方向, 让他能移动到 AI 狗所在的位置并避开外星机器人的碰撞, 这样的交互方式比单纯地握着鼠标要好玩儿多了, 同时还可以锻炼身体。

如果想让计算机识别我们, 就需要给计算机安装 "眼睛" ——摄像头, 有摄像头的计算机就能感知图像, 观察并分析周围的世界。这一节先从最基础的视频侦测功能开始, 让大家看到当计算机插上 AI 的翅膀后有多好玩。

图 4.1 我的 AI 航天梦

编程影院

我们先设计一个常规版的捕捉 AI 狗。导入 3 个角色，它们是素材库中自带的，如果没有找到，可以用其他角色替代。背景图片可以在搜索引擎上查找并下载。

当 ▶ 被点击
说 AI 狗跑出中国空间站了，快把它们抓回来，注意不要碰到凶恶的外星机器人哦！ 3 秒

当 ▶ 被点击
将大小设为 80
移到 x: 0 y: 0

首先，对角色"Kiran 宇航员"进行初始化，说明游戏规则，这个我能理解。可是为什么要使用两个  积木，让程序并行运行呢？

因为说话持续 3 秒会影响后面程序的运行，同时运行的话则不受干扰。让角色"Kiran 宇航员"紧跟鼠标指针，然后预设当他碰到角色"Robot"时的情况，如下图所示，让角色"Kiran 宇航员"转圈，移到随机位置。这里还可以进行更多的处理，如扣生命值等。

循环执行
移到 鼠标指针
如果 碰到 Robot ? 那么执行
播放声音 失败
将大小设为 30
重复执行 100 次
右转 15 度
隐藏
移到 随机位置
等待 1 秒
显示
将大小设为 80

角色"Robot"的设定最简单，运行程序时让它随意走就可以，我们还可以变换角色"Robot"的颜色以显示它作为反派的威严。

当 ▶ 被点击
显示
面向 在 1 和 360 之间取随机数 方向
循环执行
移动 0.6 步
碰到边缘就反弹
将 颜色 ▾ 特效增加 2

当 ▶ 被点击
循环执行
下一个造型
等待 1 秒

新建变量"得分"，角色"Dot"可以根据需要设定克隆体的数量，例如，可以和变量"得分"对应，克隆多少个角色"Dot"，就将得几分设置为游戏结束的条件。

Dot

当作为克隆体启动时
显示
面向 在 1 和 360 之间取随机数 方向
循环执行
移动 1 步
碰到边缘就反弹
如果 碰到 Kiran宇航员 ▾ ？ 那么执行
  播放声音 汪汪 ▾
  将 得分 ▾ 增加 1
  删除此克隆体
如果 到 Kiran宇航员 ▾ 的距离 < 130 那么执行
  右转 ↻ 180 度
  移动 50 步

当 ▶ 被点击
设置 得分 ▾ 的值为 0
隐藏
重复执行 3 次
  克隆 自己 ▾
等待直到 变量 得分 = 3
播放声音 胜利 ▾ 等待播完
停止 全部脚本 ▾

当角色"Dot"碰到角色"Kiran 宇航员"时，也需要进行设定，如加音效，这样游戏的交互性会比较好。这里还有一个设定，当靠近角色"Kiran 宇航员"时，角色"Dot"自动掉头离开，这样可以增加游戏的趣味性。

 智慧戏台

如果是编程新手，上面的游戏还算精彩。但我们都是编程高手了，这样的游戏可就没有吸引力了。

说得好，编程水平进步了，对自己的要求自然就更高了。接下来我要使用 AI 功能了。

首先在扩展的功能模块区选择"视频侦测"。加载过后，会出现功能模块，出现如下图所示的新积木。

已加载：

视频侦测
用相机检测动作。

▶ 视频侦测

当视频运动 > 10

相对于 角色 ▾ 的视频 运动 ▾

开启 ▾ 摄像头

切换至摄像头 Integrated Camera (0c45:64ab) ▾

将视频透明度设为 0

哈哈，太棒啦！我们一起来看看这些视频侦测的程序积木是如何使用的。首先需要打开摄像头，这里的视频透明度可以根据测试效果多设置几次。如下图所示，设定的透明度分别是多少呢？动手试试就知道答案啦。

Kiran宇航员

当 ▶ 被点击
将大小设为 80
移到 x: 0 y: 0
开启 ▾ 摄像头
将视频透明度设为 50

接下来，需要理解"相对于角色的视频运动"这个值如何判断。以角色"Kiran 宇航员"为例，它一直侦测角色覆盖区域下方的像素点有没有发生变化，变化的幅度大不大。

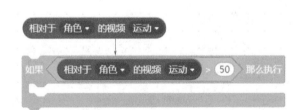

相对于 角色 ▾ 的视频 运动 ▾

如果 相对于 角色 ▾ 的视频 运动 ▾ > 50 那么执行

为了更好地理解这个问题,我们最常见的测试方法就是让角色自己说出这个值。我们可以先对角色进行测试,这里要求提前连接好摄像头。测试后我们发现值的范围是 0 ~ 100,"0"说明这个角色没有被我们碰到,值越大则说明被我们碰到的部分越多。

这还有个重要的积木,积木 指的是什么呢?

这里可以采用上面的方式进行测试,简单说,就是哪个区域的像素点先检测到变化,就显示对应区域的方向为视频方向。如在下面的程序中,就可以实现我们从右上角碰到角色"Kiran 宇航员",角色就会向左下角移动。

将程序功能完善,点击 ▶ 运行,现在再来玩这个游戏,我们可以用手、头等部位控制角色"Kiran 宇航员"的前进方向,体验是不是完全不一样呢?哈哈。

在 Kitten 中也有这个功能。在扩展积木中选择"AR 选项"，即可加载出同样的功能。选择哪款软件不重要，实践出真高手，快来动手操作吧。

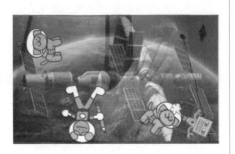

4.1.2 AI 门禁系统

如图 4.2 所示，在福建省八年级下册信息教材第 80 页，有一个基于开源硬件的智能门禁主题课，这一节课的重点是介绍如何结合物联网技术设计门禁系统。智能门禁是生活中最常见的智能设备之一，其外观形态、技术形式都是多样化的，值得我们进一步地学习和思考。

主题 2：设计智能门禁系统

现在不仅很多办公场所，甚至居家都安装了基于物联网的智能门禁系统，如图 6-12 所示。

图 6-12

物联网将嵌入式系统技术、移动技术、网页技术等融合在一起。物联网设备可以通过物联网平台接收数据和发送数据，实现物物交互、人物交互。

图 4.2　福建省八年级下册信息教材中的题目

人脸识别系统集成了人工智能、机器识别、机器学习、模型理论、专家系统、视频图像处理等多种专业技术，是生物特征识别的最新应用，通常也叫作人像识别、面部识别。如图 4.3 所示，这一节我们从人脸识别开始，体验视觉识别技术的神奇之处。

图 4.3　人脸识别技术

编程影院

首先，安装摄像头并确保可以正常使用。接下来就是准备角色素材。如下图所示，两个角色的图片素材都来自搜索引擎搜索。

人脸识别

门锁

在扩展的网络服务选项中，选择"AI 图像识别"，这里要注意的是大多数 AI 模块都有联网要求，需要把数据上传网络服务器进行处理并返回。载入完成后，积木区会出现对应的积木，图像识别积木主要分为基础设置、获取图像、识别图像三大类，如下图所示。

AI图像识别

使用图像AI，可以识别生活中有趣的东西，需要连接网络使用

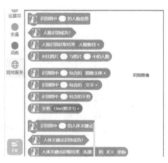

角色素材准备好后，可以进行初始化，测试摄像头是否能正常使用。

这次需要用到的是积木 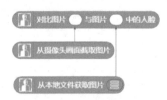。这个积木可以对比两张人脸的相似度，并返回百分比数值，最大的数值是 100，最小的数值是 0。要注意两个输入框必须为图片数据，所以这里我们选择从摄像头画面截取图片和从本地文件获取图片这两种方式。

从摄像头画面截取图片 积木是自动的，当你使用时，会通过摄像头自动截图。 从本地文件获取图片 积木则需要我们提前设置好，点击积木右侧的按钮，如下图所示，点击 图像地址 对应的 打开 ，在计算机的指定位置导入需要的图片。

为了熟悉 AI 图像积木，我们需要先进行测试，写入如下代码。先让摄像头对准墙面，再运行程序。如下图所示，程序会提醒所截取的图片未包含人脸，这表明智能门禁的基础的安全性是有保障的。

接下来就是测试数据，充分测试智能门禁的安全性是很重要的。进行实时测试，可以测试不同角度及特殊表情下人脸识别的相似度。

两张图中人脸相似度为95.58%

两张图中人脸相似度为75.46%

基于上面的测试，我们可以设定一个具体数值，当人脸相似度的值大于特定数值就认为这是本人，是安全的，发送开锁广播。否则，智能门禁通过AI语音功能告知识别未通过。

最后对角色"门锁"进行编程，这个角色一开始是上锁模式，当接收到"开锁"广播时，通过造型切换，实现开门的动态效果。

 智慧戏台

智能门禁方便了人们的生活，但是还有一些安全性问题值得探讨。例如，智能门禁遇到双胞胎怎么办？当天我的脸肿了，识别不了无法开门怎么办？

是的，你的思考很深入。所以，我们还需要思考更多细节的处理。从便利性的角度来说，当人脸识别相似度的值大于94.5时，直接打开门；当人脸识别相似度的值比94.5小，但比84.5大时，说明很有可能是本人，但还需要二次确认。

如下图所示，当人脸识别相似度的值小于 84.5 时，我们直接判定为不通过。但是当值比 94.5 小，但大于等于 84.5 时，我们需要进行二次确认。这时就需要输入指定密码，当输入的密码和我们预设的密码相同时，门禁也会自动打开。

完整版的程序如下图所示，可别写错了哦。快去测试一下吧。

上面的程序考虑到了安全性和便利性的平衡，但是如果我就要高安全性，即使是双胞胎也不能随意打开门，这有可能实现吗？

当然可以了，高安全性需要双重验证，如输入密码确认。这里我们就不输入密码了，而是采用一种特殊方法，识别图中的手势动作。如下图所示，当前可以识别的手势有数字 1 ~ 9、拳头、OK 等，我们可以根据需要进行选择。

有了想法后，实现起来就容易了。第一轮的识别针对人脸的相似度，当人脸识别相似度的值大于 90 时，进入第二轮的验证，图片中包含了指定的手势才可以开门。两轮验证中有任何一个条件没有满足，均判定为识别失败，不能开门。

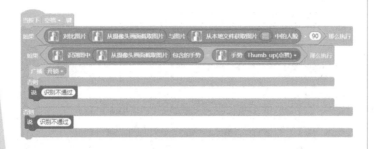

编程作品完成了，接下来我们来聊一聊特殊情况。例如，图像识别的额度已用完，可以尝试下面的方法。找到如下图所示的积木，鼠标点击左侧的黄色问号，会跳转到说明网页，在 AI 图像识别教程中，找到对应的解决方案。

在百度智能云网站中按要求进行设置，就可以得到相应的 Key，复制到积木参数栏中，即可解决 AI 功能调用额度问题。如果有更多关于 AI 功能的困惑，你也可以尝试在技术文档中找到解决方案。

Kitten 中也有很多 AI 功能，和 Mind+ 有所不同，可以尝试着自己去探索它们之间的不同点。

4.2　AI 口算神器

如图 4.4 所示，在这一节，我们要用 Kitten 设计一个口算神器，面向的目标对象是全年龄段小学生，有兴趣的话可以尝试一下。

图 4.4　AI 口算神器

编程影院

第一步导入角色。导入角色素材库中的"雷电猴"，然后再导入一个新的角色，在画板中，选择文字功能，输入"+"，将尺寸放大后进行保存。

对角色"雷电猴"进行编程，新建函数"加法计算"，新建变量"a""b"，如下图所示。当程序运行时，对变量进行初始化。这里要注意让加法运算的结果在 10 以上。

加法运算的结果为什么要在 10 以上啊?

别着急,后面的测试环节会告诉你原因。将变量的形式改为纯内容,再将画布上的变量的排列方式设为如下图所示的形式,这样可以方便我们观察加数。

在声音的积木区选择积木,先声明进行加法运算,再语音播报询问要求,设置进行基于中文的实时语音识别。当询问积木执行时,画布上会出现如下图所示的语音提示,用鼠标点击麦克风图标,可以开始录音;点击停止播放图标,即完成录音。

如果识别的结果等于两个变量之和,说明回答正确,反之则说明回答错误。

为什么一定要把加法运算的结果设置在 10 以上呢？其实是为了规避麻烦。例如，当你说"5"时，返回的结果可能是"五"，那么这时候程序会判断计算错误。如果你想让"五"也能被正确识别，就还要对程序进行改进，添加特殊情况。

如果我们回答错误，却又想纠正，那刚刚的程序就无能为力了。所以可以设置当程序运行到计算正确时，才能结束，如下图所示。如果想让程序更好玩，还可以加入变量"计算次数""错误次数"等，也可以设置口算题要回答几次得几分。

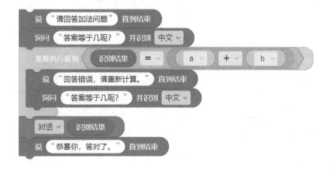

 智慧戏台

上面的程序只能运行加法，显然不能满足大部分人的全部需求，来个难度高一点儿的乘法，你可以吗？

加减乘除四种运算中，最容易编程的其实是加法和乘法，那就从乘法开始，但我要考考你，我想在第 2 个屏幕进行乘法口算测试，你知道怎么操作吗？

点击左上角的屏幕图标，在展开选项中点击"＋屏幕"，我们增加到 4 个屏幕。

做得好，设计复杂场景或者多关卡游戏时，这个功能太好用了。新建角色"向右按钮"，并在事件积木区选择如下图所示的程序积木，当角色被点击，进入屏幕 2。

其实仔细思考一下，乘法好像和加法差不多啊，还用重新再写一遍吗？

你这种想走捷径的精神我太欣赏了，没错，我有小妙招。到了屏幕 2，第一步还是新建角色。添加角色"妙音龙"和角色"×"，变量"a""b"不用更换。这里我们先不管背包功能，在屏幕 1 中对我们所需的代码点击右键，选择复制即可。

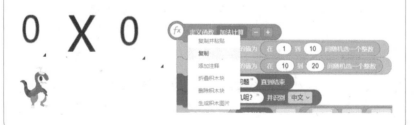

在屏幕 2 中指定角色的程序区粘贴，即可得到来自屏幕 1 的代码。这时我们要点击函数名，把函数名改为我们需要的名称，如乘法计算。

妙音龙

函数

乘法计算

确定

乘法口算测试和加法口算测试基本一致，只要保证计算的结果比 10 大，且识别结果等于变量"a"和变量"b"相乘的结果即可。这时我们可以发现，屏幕 2 上的编程可以在很短的时间内完成，只要复制、粘贴后修改对应的代码就行。

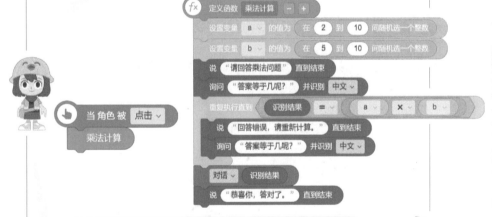

在屏幕 3 中，我还写了一个减法程序，遇到了一个问题，被减数不够减，我可不想答案出现负数，要怎么解决呢？

那还不简单，如果不想反复地设定被减数比减数大，不如直接将变量"a"设置得大一些，变量"b"设置得小一些，这样就不可能出问题了，如下图所示。

```
fx 定义函数 减法计算 - +
    设置变量 b 的值为 在 1 到 10 间随机选一个整数
    设置变量 a 的值为 在 50 到 100 间随机选一个整数
    说 "请回答减法问题" 直到结束
    问问 "答案等于几呢?" 并识别 中文
    重复执行直到 识别结果 = a - b
        说 "回答错误,请重新计算。" 直到结束
        问问 "答案等于几呢?" 并识别 中文

    对话 识别结果
    说 "恭喜你,答对了。" 直到结束
```

在屏幕 4 中我写了除法程序,更尴尬了,被除数除以除数,除不尽了,50 除以 11 可怎么算,我要晕倒了。

别急,采用逆向思维,如下图所示。先设置除数,再让除数乘特定的整数,保证最后的结果在 10 ~ 20。小小的改变,大大的便利。

```
fx 定义函数 除法计算 - +
    设置变量 b 的值为 在 1 到 10 间随机选一个整数
    设置变量 a 的值为 在 10 到 20 间随机选一个整数 × b
    说 "请回答除法问题" 直到结束
    问问 "答案等于几呢?" 并识别 中文
    重复执行直到 识别结果 = a ÷ b
        说 "回答错误,请重新计算。" 直到结束
        问问 "答案等于几呢?" 并识别 中文

    对话 识别结果
    说 "恭喜你,答对了。" 直到结束
```

这个游戏有点儿好玩,如果我有一个大项目,就可以将这个部分作为其中一个环节,小伙伴们快拿出麦克风,一起来试试吧。

冷知识:大部分的摄像头都自带麦克风功能,大部分的笔记本电脑都自带摄像头和麦克风,很多耳机线都自带麦克风功能。所以,不用担心缺乏器材,如果不行就先买一个摄像头,这样就都齐全啦。

4.3　AI 游戏代练

AlphaGo 是第一个击败人类职业围棋选手、第一个战胜围棋世界冠军的人工智能机器人，其主要的工作原理是深度学习。那么我们能不能请 AI 为我们打游戏呢？答案是肯定的。

这一节我们由勤劳的游戏工程师变为超级"懒人"，一起来设计一个可以由 AI 代为打游戏的游戏，让 AI 替我们玩游戏。

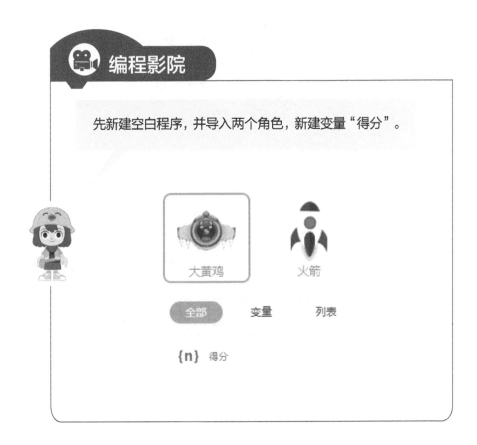

在扩展积木中导入 GameAI，如下图所示。是不是觉得这些积木的画风与其他积木明显不同，很难懂？没错，说到游戏 AI，那要先说说神经网络，不然我们无法明白后续操作的执行逻辑。GameAI 的工作原理是在神经网络的基础上进行的，一个完整的神经网络包括输入层、隐藏层、输出层。

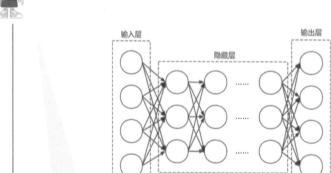

输入层：负责收集信息即游戏中实时变化的数据；

隐藏层：将收集的信息导入，然后进行运算和处理；

输出层：输出分类结果。

为了让 GameAI 能够正确地做出决策，我们需要对整个神经网络结构进行训练，以得到我们需要的模型。

在 GameAI 的训练上有两种学习模式：有监督学习模式和无监督学习模式。这个作品我们采用有监督学习模式，算法模型为遗传算法。当然，使用后向传播算法也可以，想要多了解就要多查资料、多尝试。

抽象的技术问题我们在这里不展开讲解，编程正式开始吧！首先是初始化，这个游戏是躲避火箭的追击，所以先对角色"大黄鸡"进行编程。将初始化模型命名为"躲火箭"。输入层输入的特征是"大黄鸡的 x 坐标"和"火箭的 x 坐标"，合计 2 个。输出层输出"向左"和"向右"，合计 2 个。神经元设为单层 4 个，将各种指标尽可能简化，如下图所示。

大黄鸡

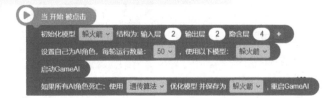

游戏运行时，会有两种操作：向左或者向右。对应到 GameAI，就是两个输出结果：1.向左移动，2.向右移动。要注意的是如果想调用 AI 角色的使用行为，我们需要先用函数积木，将向左移动和向右移动的积木封装起来。

当函数新建完成后，AI 角色的使用行为就会多出两种选择。

GameAI 中 的输入特征值是实时变化的，所以要实时读取 AI 角色的特征值，让 AI 理解游戏的得分逻辑并反复尝试不同的行为，记录最后的得分结果。

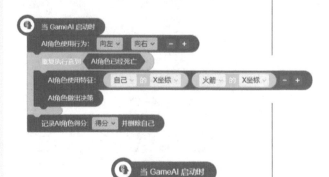

当然，这里还要设置 AI 角色的死亡条件，让 AI 知道什么行为是最优的。

最后，还需对角色"火箭"进行编程，这个角色相对简单，当游戏启动后，从上向下行动即可。如果离开画布的下边缘则加 1 分。如果击中角色"大黄鸡"，可以单独设置不加分或者扣分。

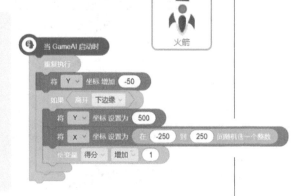

智慧戏台

接下来是紧张、刺激的游戏测试过程了。我们可以看到游戏的画风和以前完全不同，这里会同时出现 50 只大黄鸡自动进行游戏测试。如果所有的大黄鸡都死亡，那么第一代的任务结束，第二代的 AI 测试就开始了，测试进行的次数越多，游戏 AI 得到的数据就越多，积累的游戏能力就越强。

我已经看了很多次测试了，游戏测试数据确实挺好的，这个代练就是看它测试吗？

当然不是，测试几轮之后，游戏 AI 对如何玩游戏就有心得了，这时我们点击优化模型并停止程序。将积木 当开始 被点击 之后的程序更换为如下图所示。

▶ 当 开始 被点击
设置自己为AI角色，使用模型 躲火箭 ∨
启动GameAI

哇！这个程序真的会自己玩游戏了，游戏技术比一般人好很多！看来以后我可以指挥计算机打游戏了。

这个作品的乐趣就在于不断地调试参数，提升 AI 性能。你看，到了第 9 代，得分就很不错了，如下图所示。这个程序在设计时许多参数都被设置为最简，后续，其实还有很多扩展空间。例如，设置更多的参数、引入更多的角色等。接下来你可以自己去尝试哦！

第5章：聪明喵喵说算法

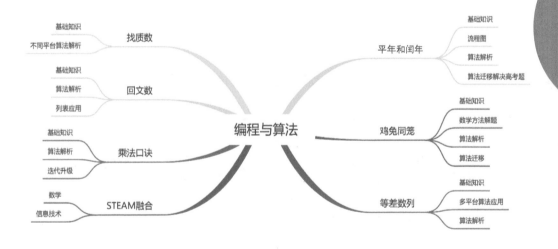

基础知识
不同平台算法解析　　找质数

基础知识
算法解析　　回文数
列表应用

基础知识
算法解析　　乘法口诀
迭代升级

数学
信息技术　　STEAM融合

编程与算法

平年和闰年
基础知识
流程图
算法解析
算法迁移解决高考题

鸡兔同笼
基础知识
数学方法解题
算法解析
算法迁移

等差数列
基础知识
多平台算法应用
算法解析

5.1 平年和闰年之谜（流程图）

　　如图 5.1 所示，在数学教材中，我们发现通过观察 2 月的天数来判断年份是平年还是闰年是有规律的。在实际生活中，地球绕太阳运行的周期为 365 天 5 时 48 分 46 秒，但平年只有 365 天，这显然是有问题的。按照每 4 年出现 1 个闰年计算，每 400 年中要减少 3 个闰年。因此，公历规定：当年份是整百数时，它必须是 400 的倍数，这时它才是闰年，称为世纪闰年；当年份不是整百数时，只要它是 4 的倍数，那它就是闰年。

图 5.1　数学教材中判断闰年的题目

　　我们设计一个程序：当我们输入年份时，程序能自动判断这个年份是平年还是闰年。这需要我们进行多次判断，最终才能确认年份是不是闰年，这一节我们要结合流程图来梳理判断算法，让程序设计更加清晰。

编程影院

流程图是利用图文结合来展示算法的，如表 5.1 所示，我们需要再认识一下这位熟悉的"朋友"。

表 5.1　流程图的图形符号、名称及其作用

图形符号	名称	作用
⬭	起止框	表示算法的<u>开始或结束</u>，常用圆角矩形表示
▭	处理框	表示<u>赋值或计算</u>，常用矩形表示
◇	判断框	根据条件决定执行两条路径中的<u>一条</u>，常用菱形表示
▱	输入、输出框	表示<u>输入</u>、<u>输出</u>操作，常用平行四边形表示
↓	流程线	表示执行步骤的<u>路径</u>，常用箭头表示

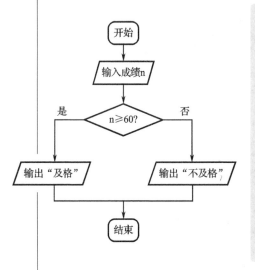

原来流程图还有这些规则啊，我来画一个流程图，如左图所示，你知道它表示的是什么吗？

小提示：1. 流程线中的箭头反映流程执行的先后顺序，需要注意箭头的方向。

2. "是"和"否"还可以分别用"Y"和"N"表示，只要在同一个流程图中统一就行。

上面是根据分数判断有没有及格，来来来，我们还可以继续判断年份是不是闰年。

这样看来确实有点儿难。我们先从最基础的开始，只要是 4 的倍数，我们都判断为闰年，否则就是平年。

显然没有考虑世纪闰年的情况，只有一个判断是不够的。例如，1900 年是平年，但程序输出的结果是闰年。

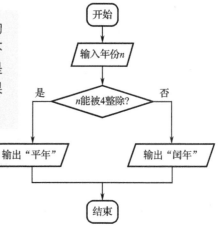

看来算法需要三步判断：
n 能被 4 整除，有可能是闰年，进入下一步判断；否则输出"平年"。
n 能被 100 整除，进入下一步判断；否则输出"闰年"。
n 能被 400 整除，输出"闰年"；否则输出"平年"。

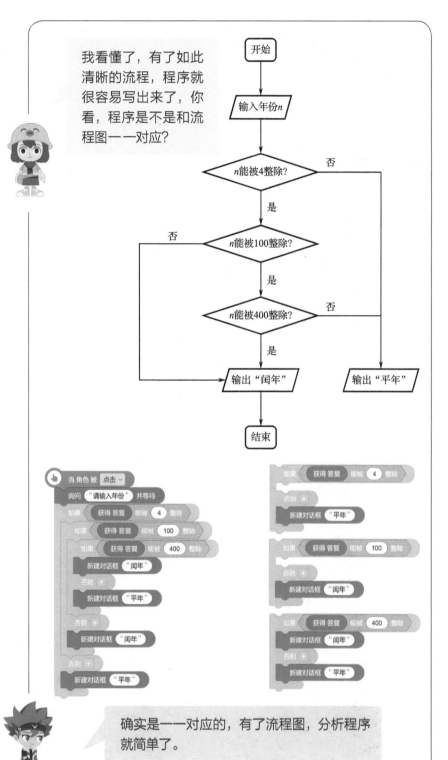

我看懂了，有了如此清晰的流程，程序就很容易写出来了，你看，程序是不是和流程图一一对应？

确实是一一对应的，有了流程图，分析程序就简单了。

智慧戏台

我来考考你，你知道这道高考题的答案吗？可以借助程序尝试一下。

（2020年全国统一高考数学试卷（文科）（新课标Ⅰ））

1. 执行下面的程序框图，则输出的 $n=$（　　）。

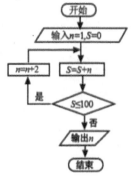

A. 17　　　　B. 19　　　　C. 21　　　　D. 23

不愧是高考题，理解起来有点儿难度，但是我用程序应该很快就能得出答案了，你看。

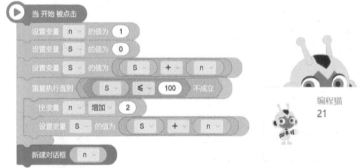

编程猫
21

在考试的时候，你能用计算机编程吗？我们可以仔细思考一下，回到流程图本身，拿出纸和笔，当 S 不符合小于或等于 100 的条件时，输出 n。S 为等差数列 1，3，5，7…的和，当 n 等于 19 时，S 刚好等于 100，所以 $n=19+2=21$。对于学过编程的人来说，可以轻松地得出答案。

没想到学习编程还有这样的收获，有了流程图，向别人介绍算法思路就太方便了。我也出一道题目，请你拿出纸和笔，将程序转化为流程图吧。

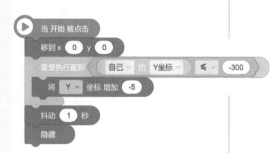

5.2　鸡兔同笼

大约在 1500 年前，《孙子算经》中记载了一个有趣的问题：今有雉兔同笼，上有三十五头，下有九十四足，问雉兔各几何？如图 5.2 所示，已知鸡有 2 只脚，兔有 4 只脚，你能根据已知信息得出有几只鸡和几只兔吗？

图 5.2 鸡兔同笼示意图

　　以高年级学生的视角看，这类问题的本质是二元一次方程；以低年级学生的视角看，这类题目重在从应用问题中抽象出数的能力，有多种解决问题的办法。因此，这道题很适合作为算法题来考查学生。晋江市 2021 年编程比赛中学组的竞赛题有一道鸡兔同笼题目，我们尝试着从多个角度来解决这个问题吧。

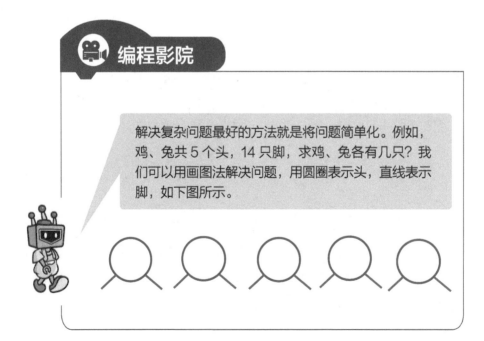

编程影院

解决复杂问题最好的方法就是将问题简单化。例如，鸡、兔共 5 个头，14 只脚，求鸡、兔各有几只？我们可以用画图法解决问题，用圆圈表示头，直线表示脚，如下图所示。

先画 5 个圆圈表示 5 个头，然后每个圆圈上再画 2 条直线，表示 2 只脚，可以发现还剩下 14-5×2=4（只）脚没有画出来。只要把这 4 只脚补充完整，就可以确定有几只鸡和几只兔。如下图所示，有 2 只兔和 3 只鸡。

上面的算法其实就是先假设所有的动物都是鸡，给每个圆圈都画上 2 条直线。再用脚的总数减去图中的脚的数量，这些剩余的脚就都是兔的，因为每只兔都比鸡多 2 只脚。

我听明白了，这不就是置换问题嘛，把所有兔先假设成鸡，兔的数量 =（脚的总数 - 头的数量 ×2）÷2。

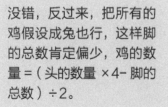

没错，反过来，把所有的鸡假设成兔也行，这样脚的总数肯定偏少，鸡的数量 =（头的数量 ×4- 脚的总数）÷2。

如此一来，程序就好写多了。打开 Mind+，新建变量"头数""脚数""鸡""兔"，然后分别询问一共有多少个头，多少只脚。

根据上面的计算方法，兔的数量 =（脚的总数 − 头的数量 ×2）÷2。只要把兔的数量计算出来，鸡的数量就可以马上得到了。

当 ▶ 被点击
询问 有多少个头？ 并等待
设置 头数 ▾ 的值为 回答
询问 有多少只脚？ 并等待
设置 脚数 ▾ 的值为 回答

设置 兔 ▾ 的值为 变量 脚数 − 变量 头数 * 2 / 2
设置 鸡 ▾ 的值为 变量 头数 − 变量 兔

鸡有23只。

头数 35
脚数 94
兔 12
鸡 23

这样我们就可以从简单到复杂，计算出当有 35 个头和 94 只脚时，鸡、兔各有几只，这样问题就解决了。

智慧戏台

刚刚在测试时，我发现一种情况。当我将变量"头数"和"脚数"都输入为 100 时，兔的数量竟然是 −50 只，这太好笑了。

兔有-50只。

头数 100
脚数 100
兔 -50
鸡 150

你输入的数据不对，我们应该想办法通过一定的算法避免这类错误的出现。我认为脚数的取值是有一定范围的，必须符合在头数的 2 倍到 4 倍之间，不然程序就会出现问题。以鸡、兔都要存在为前提，可以通过下面的程序进行判断。

```
当 ▶ 被点击
询问 有多少个头? 并等待
设置 头数 ▼ 的值为 回答
询问 有多少只脚? 并等待
设置 脚数 ▼ 的值为 回答
重复执行直到  变量 脚数 < 变量 头数 * 4  与  变量 脚数 > 变量 头数 * 2
    询问 数据有问题，请重新输入：有多少个头? 并等待
    设置 头数 ▼ 的值为 回答
    询问 有多少只脚? 并等待
    设置 脚数 ▼ 的值为 回答
设置 兔 ▼ 的值为  变量 脚数 - 变量 头数 * 2  / 2
设置 鸡 ▼ 的值为  变量 头数 - 变量 兔
说  合并 兔有 合并 变量 兔 只。  2 秒
说  合并 鸡有 合并 变量 鸡 只。  2 秒
```

刚刚在测试时，我又发现一种情况。当我将头数输入为 10.5、脚数输入为 30 时，兔的数量竟然是 4.5 只，这太好笑了。

兔有 4.5 只。

头数 10.5
脚数 30
兔 4.5
鸡 6

你……这是抬杠了吧！不过也对，需要考虑多种情况，这样程序才不会出现问题。请你试着添加更多的限制条件，确保不会出现错误。

其实，解决鸡兔同笼问题，还有另一种方法，即列表法。把每一种情况都列举出来，找到正确的情况。例如，上面出现的 5 个头，14 只脚的情况，所列表格如表 5.2 所示。

表 5.2　鸡兔同笼列表法

鸡的数量	4	3	2	1
兔的数量	1	2	3	4
脚的总数	12	14	16	18

根据列表法，我们可以这样编写程序，在不考虑只有鸡或只有兔的前提下，从 1 只兔、4 只鸡开始验证，只要脚的总数等于 14，即可说明得出了正确答案，程序停止运行。列举法的效率虽然不如之前的方法高，但更符合计算机程序的执行逻辑。

```
当 🏳 被点击
询问 有多少个头? 并等待
设置 头数 ▾ 的值为 回答
询问 有多少只脚? 并等待
设置 脚数 ▾ 的值为 回答
设置 i ▾ 的值为 0
重复执行 变量 头数 次
  将 i ▾ 增加 1
  设置 兔 ▾ 的值为 变量 i
  设置 鸡 ▾ 的值为 变量 头数 - 变量 i
  如果 变量 鸡 * 2 + 变量 兔 * 4 = 变量 脚数 那么执行
    说 合并 兔有 合并 变量 兔 只. 2 秒
    说 合并 鸡有 合并 变量 鸡 只. 2 秒
    停止 这个脚本 ▾
```

鸡兔同笼问题解决了，我们再出两道题，考考你会不会用合理的算法解决问题。

有 5 元和 10 元的人民币共 20 张，一共是 175 元，5 元和 10 元的人民币各有多少张?

一百个和尚分一百个馒头，大和尚一人分三个，小和尚三人分一个，正好分完。问大和尚、小和尚各有几个?

5.3 等差数列

如图 5.3 所示，在山东淄博市的编程比赛中，有一道题目：计算等差数列从 1 到 n 的和。看到这样的题目，很多人会想到数学家高斯的故事。在高斯小的时候，老师在课堂上出了一道题：$1 + 2 + 3 + \cdots + 100 = ?$高斯竟然很快地说出了答案，他的方法是将数列的第一项和倒数第一项加起来，以此类推，最后将得数相乘，很快得出答案为 5050。

上面的数列我们称为等差数列，指的是从第二项起，每一项与它的前一项的差等于同一个常数的数列，在求等差数列之和时，你是如何解决这类问题的？这一节我们就来探寻隐藏在等差数列中的算法秘密。

[题目序号：12]

输入一个数字 n（n>1），计算 1,2,3,…,n 的和，并使用"新建对话框[ ]"积木将结果展示出来。

请使用离线版源码编辑器编写程序，并保存到本地，再上传至考试系统。

输入样例：

10

输出样例：

55

图 5.3 编程比赛题目的描述

编程影院

放心，在编程中提到等差数列，肯定不是如右图所示的解法。我们可以用程序快速地运算，其实这一类题目在 C++、Python 等竞赛中也是常见的，我们只要掌握科学的解题算法，想解决这类问题就不难。

如果一个等差数列的首项为 a_1，公差为 d，那么该等差数列第 n 项的表达式为：

$$\begin{cases} a_n = a_e + d(n-e) \\ n \in N \\ e \in N \\ n \neq e \\ d \in R \end{cases} \Rightarrow d = \frac{a_n - a_e}{n - e}$$

$if \ \ e = 0$

$$\begin{cases} a_n = a_0 + d(n-0) = a_0 + dn \\ n \in N \\ d \in R \end{cases}$$

$if \ \ e = 1$

$$\begin{cases} a_n = a_1 + d(n-1) \\ n \in N \\ d \in R \end{cases}$$

按我的理解，上面的等差数列的首项是1，末项是 n，项数也是 n。编程时，我们只要将这些数字累加起来，就能算出等差数列的和了。

对，按照这种思考方式，程序的核心算法如下图所示。导入一个你喜欢的角色，新建变量"n"和变量"i"，变量"n"就是需要输入的等差数列的末项，变量"i"每次都增加1，表示等差数列的第 i 项。

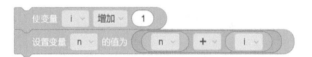

如此一来，变量"i"从1开始，累加 n 次，程序运行，就可以得到等差数列的和。

完整的代码如下图所示。到这里，这个问题已经解决了，比赛题目的分数也全部拿到了，但我想这个问题是不是还有其他的解决办法呢？

嘿嘿，还真有其他方法。等差数列求和的公式是（首项＋末项）× 项数 ÷2，这个方法类似于数学家高斯的算法。如果用这个方法，程序代码如下图所示。现在即使我输入"10000"，也能快速地得到答案。

呆鲤鱼
50005000

🎭 智慧戏台

等差数列中还有很多知识点可以挖掘，能不能设计一个程序，首项、末项和公差都由我们自己设定，这样就可以快速地得到等差数列的和了。

有道理，我们可以用函数进行编程，里面的参数就能很好地满足设计需求。新建三个参数：首项、公差、项数，新建两个变量：n 和 i。将变量"n"和变量"i"的值设置为参数"首项"。

这样，我们就可以在函数的参数中快速地设置需要的值了。我们可以用首项为1，公差为1，项数为100的数列开始测试，当答案为5050时，程序就是正确的。

你的方法真巧妙，这样我们就可以对程序进行测试。不过我遇到了问题，你帮我看看，我的程序有什么问题呢？为什么得到的答案是5151？

呆鲤鱼
5151

你的结果比正确的结果多了101，说明多算了一次。为什么会多算一次呢？原因很简单，你把等差数列的第一项赋值放到了外面，里面又执行了项数次，这样就多算了一次。正确的程序如下图所示。

呆鲤鱼
5050

哇，这个程序太好玩了，你看，倒着数也可以。我还要多试几组不同的等差数列，计算机真是擅长运算处理啊。

呆鲤鱼
5050

接下来，我给你布置一道竞赛题，难度有点儿高，题目如下，请尝试用 Mind+ 或者源码编辑器解决。

【题目描述】

给出一个等差数列的前两项 a_1，a_2，求第 n 项是多少？

【输入】

包含三个整数 a_1，a_2，n。其中 $-100 \leq a_1$，$a_2 \leq 100$，$0 < n \leq 1000$。

【输出】

一个整数，即第 n 项的值。

【输入样例】

1　4　100

【输出样例】

298

我可以提供一个计算等差数列第 n 项的数值的公式：首项 +（项数 -1）× 公差。

公式的原理也不难，从首项到第 n 项，每多一项就会多一个公差，这样就是首项再加上（项数 -1）个公差。

5.4 找质数

质数指的是在大于 1 的自然数中，除了 1 和它本身以外不再有其他因数的自然数。为什么要寻找质数呢？从乘法的角度看，这些质数是最小的单位，它不能再被分解成其他两个因数了。而像这样特殊的数字群体，总有其存在的特殊意义，如信息加密。公钥会将想要传递的信息在编码时加入质数，编码之后破解的难度将增加，如图 5.4 所示。在军事领域，以质数形式无规律变化的导弹和鱼雷可以不易被拦截。在工业领域，汽车变速箱齿轮的设计要求相邻的两个大小齿轮的齿数最好是质数，这样可以增强齿轮的耐用度，减少故障。

图 5.4 公钥加密的示意图

以要找出 100 以内所有的质数为例，我们要如何处理呢？是把每一个正整数都拿出来分解质因数，还是有其他方法？这一节我们就从多个角度来探索找质数的算法。

 编程影院

先从答案说起，100 以内的质数如右图所示，之后我们可以进行验证。
使用源码编辑器找质数是有优势的，首先，新建变量"n"，新建列表"质数"。

100 以内的质数：

2，3，5，7，11，13，17，19，23，29，31，37，41，43，47，53，59，61，67，71，73，79，83，89，97

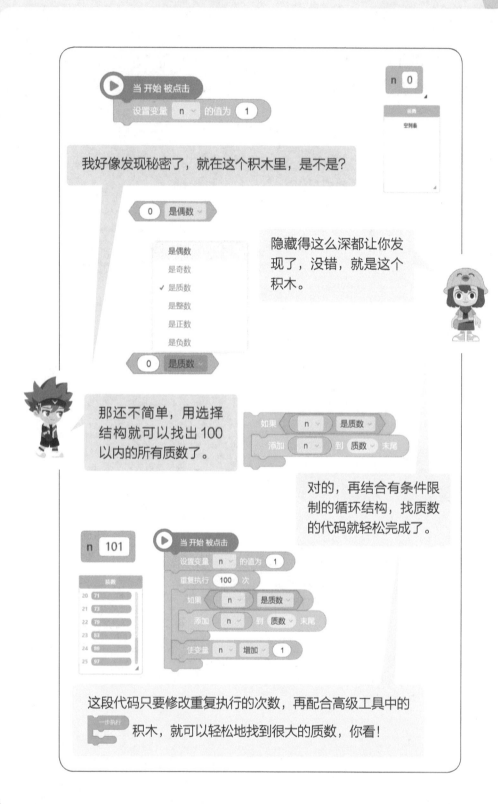

当 开始 被点击
设置变量 n 的值为 1

n 0

场景
空列表

我好像发现秘密了，就在这个积木里，是不是？

0 是偶数

是偶数
是奇数
✓ 是质数
是整数
是正数
是负数

0 是质数

隐藏得这么深都让你发现了，没错，就是这个积木。

那还不简单，用选择结构就可以找出100以内的所有质数了。

如果 n 是质数
添加 n 到 质数 末尾

对的，再结合有条件限制的循环结构，找质数的代码就轻松完成了。

n 101

场景
20 71
21 73
22 79
23 83
24 89
25 97

当 开始 被点击
设置变量 n 的值为 1
重复执行 100 次
如果 n 是质数
添加 n 到 质数 末尾
使变量 n 增加 1

这段代码只要修改重复执行的次数，再配合高级工具中的 一步执行 积木，就可以轻松地找到很大的质数，你看！

n 100001

质数	
9587	99923
9588	99929
9589	99961
9590	99971
9591	99989
9592	99991

当 开始 被点击
设置变量 n 的值为 1
一步执行
重复执行 100000 次
如果 n 是质数
添加 n 到 质数 末尾
使变量 n 增加 1

有了这个工具，可真方便。

智慧戏台

上面的方法虽然简单，但我并不认同。虽然成功找到了质数，但是判断一个数是不是质数的算法并没有体现，我认为太便利的算法反而不利于学习编程。

别着急，话不能这样讲，不同的方法各有利弊。接下来，我们用 Mind+ 尝试写一个判断质数的模块吧！

好啊！我试试，新建函数"质数判断"，添加参数"n"，"n"就是需要判断的数。新建变量"因数"和变量"i"，新建列表"质数"。

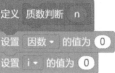

定义 质数判断 n
设置 因数 的值为 0
设置 i 的值为 0

你看，不考虑特殊情况，如n 小于 2 或者 n 是小数等。如果 n 是 5，那么根据质数的定义，我们需要判断 n 依次除以数字 1～5，统计 5 可以被多少个数整除。

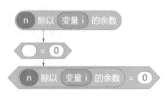

没错，当 n 为 5 时，就重复执行 5 次，每找到 1 个因数，就将变量"因数"增加 1，当重复执行完成后，观察变量"因数"的数值。

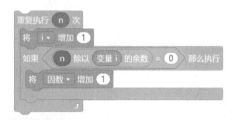

如果变量"因数"的值为 2，那么这个数就是质数，这个数就可以被加入列表"质数"中，然后保存。如果变量"因数"的值不为 2，那么这个数就是合数。

你看，这样就可以直接判断很多大数是否是质数了。

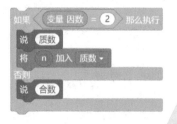

上面的题目是统计 1 ~ 100 内的质数，如果用这个程序判读，有点儿辛苦啊。

使用函数就是为了省时省力，一定要安排重复执行的。新建变量"a"，让变量"a"从 2 增加到 100，依次判断这个数是不是质数。

有道理啊，这样就能从质数的定义出发，判断一个数是不是质数了。话说回来，这判断质数的运算量可不小，就算我打开加速模式，想得到 10000 以内的所有质数，也需要很长时间。

学会了找质数，如果让你用 Mind+ 找奇偶数、正负数、整数，你能用合理的算法解决这类问题吗？动手尝试一下，去探索一个积木后面的设计思路吧。

5.5 回文数

回文指的是正读、反读都能读通的句子，它是一种修辞方式，如"我为人人，人人为我"等，具体示例如图5.5所示。在数学中也存在具有同样特征的数字，例如，设 n 是自然数 1234321，当 n 的各位数字反向排列时，所得的自然数与 n 相等，则称 n 为回文数。但如果 $n=1234567$，则 n 不是回文数。 $111111111^2=12345678987654321$ 就是回文数。

蜜蜂酿蜂蜜

风扇能扇风

奶牛挤牛奶

图 5.5 回文

编程影院

如果我随机输入一个正整数，你能判断这个数是不是回文数吗？

哈哈，我只需要一支笔、一张纸，写出来念两遍数字，就知道这个数字是不是回文数了。

如果我要你找出 10 ~ 10000 的所有的回文数，上面的方法还实用吗？

那肯定不行啊，我们可以写个程序来判断一个数是不是回文数。新建变量"i"和变量"n"，等待输入 10 ~ 10000 的正整数。其实程序可以判断的范围是从一位数到十六位数，这里我们只取一个小范围。

第一步，可以先从简单的情况进行判断。一个数的第一个数位上的数是否等于最后一个数位上的数，如果等于，再继续进行判断；如果不等于，那这个数肯定就不是回文数了。

你的思路没错，但是我们输入的数字有可能是两位数，也可能是三位数或四位数，这样就很难自动地判断分析。

刚刚新建了变量"i"，第一次左边 i=1，取第一个数位上的数字，右边则是取变量正整数的长度 n，即最后一个数位上的数字。第二次左边 i=2，取第二个数位上的数字，右边取变量的长度 n-1，即倒数第二个数位上的数字，对应的值就是变量正整数的长度 n+1-i。如下图所示，只要条件判断成立，则这个数就不是回文数。

那么，我想考考你，这样的运算要重复执行几次呢？
这可是很有讲究的。

我的头都要爆炸了，你就别讲究了，我认为其实就是变量正整数的长度 n÷2。

一测试就会发现问题，例如，121 是三位数，程序可以重复执行 1.5 次吗？

这……是我草率了，121 这个三位数只要判断 1 次即可，所以需要再加入向下舍入，如图所示。

为了便于判断，新增变量"判断值"，当最后的判断值为 0 时，这个数就不是回文数，这时可以直接跳出循环进行判断。反之，当判断值一直保持为 1 时，说明数字一一对应，这个数就是回文数。

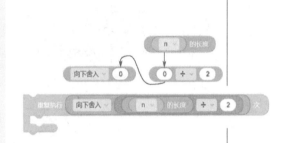

最后一步就是根据变量"判断值"进行判断，这样写就行。可是我运行了好几次，前面的代码还是有错误，想修正程序都无从下手。

程序虽然写完了，但关于程序调试我也是很有经验的。我们可以新建列表"表1"和"表2"，专门用于存放需要判断的数字。测试结果如图所示，这样我们就能快速地判断问题出在哪里。

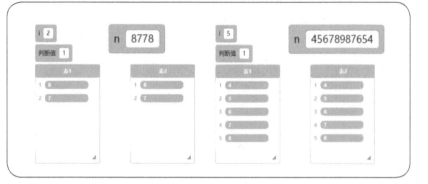

 智慧戏台

来了又来了，再来一道 NOC、NCT、蓝桥杯活动的热门题目。话不多说，请答题。

回文质数（回文素数）就是一个既是质数又是回文数的整数，即一个自然数 $n(n \geq 11)$ 从左向右读和从右向左读的结果相同，同时这个数是质数。

一个大于 1 的自然数，除了 1 和它自身外，不能被其他自然数整除的数叫作质数，如 11，101，131 等。

请编写程序找出 100 ~ 1000 的回文质数，并将对应的结果显示在列表中。

这个……还要结合前面学过的质数知识，有点儿困难啊。要不算了吧。

敢挑战才是编程的乐趣所在！来都来了，试一试。

首先新建变量"n"，将其初始化为 100。既然是回文质数，那么可以先判断变量"n"是不是质数。

第二层的判断是判断变量"n"是不是回文数。这里的判断不需要像前面那么复杂，反正都是三位数，只要确认百位上和个位上的数字是否相等就行。如下图所示，$n÷100$再向下舍入，可以得到百位上的数字，$n÷10$再取余数可以得到个位上的数字。

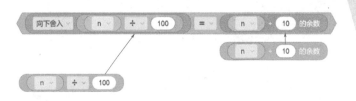

这里可以使用嵌套分支结构，当变量"n"是质数时，再进入这个数是否是回文数的判断。新建列表"回文质数"，当变量"n"符合这两个条件时，将变量"n"的值加入列表。

接下来，就是这个判断重复执行次数的问题。说起来不算难，可以使用限定条件的 积木，让变量"n"从 100 开始重复执行，直到 $n=1000$。

针对这道题目，这个方法可以得满分，但是这种算法只能针对三位数，其他情况可就不适用了。如左图所示，我们根本找不到更多的回文数。

没错，在不同情况下可以选择不同的方法。在这道题中，上述方法的效率很高。如果我们需要从多位数中判断回文数，可以用"编程影院"中提及的方法。

5.6 乘法口诀

说到乘法口诀，很多人认为它是全世界通用的，其实并不是。乘法口诀是中国古代筹算中进行乘法、除法、开平方等运算的基本计算规则，已有两千多年的历史，在《荀子》《管子》《淮南子》《战国策》等著作中就能找到"三九二十七""六八四十八"等内容。由此可见，早在春秋战国时期，九九乘法口诀就已经开始流行了。

九九乘法表让计算更加简便，我们能不能用程序自动生成如图5.6 所示的九九乘法表，然后再让程序读出这些乘法口诀呢？好像难度有点儿大，这一节我们就来挑战一下。

图 5.6 九九乘法表

编程影院

从程序的角度来看，乘法口诀应该是有规律的，但是我自己又不知道该如何分析总结。

注意观察表格，竖着观察，九九乘法表共分为 9 个部分，每个部分依次从 1 ~ 9 进行排列，每一列的第一个算式的两个乘数是一样的。而且，每一列左边的乘数都是固定的，右边的乘数一定不小于左边的乘数。

1×1=1								
1×2=2	2×2=4							
1×3=3	2×3=6	3×3=9						
1×4=4	2×4=8	3×4=12	4×4=16					
1×5=5	2×5=10	3×5=15	4×5=20	5×5=25				
1×6=6	2×6=12	3×6=18	4×6=24	5×6=30	6×6=36			
1×7=7	2×7=14	3×7=21	4×7=28	5×7=35	6×7=42	7×7=49		
1×8=8	2×8=16	3×8=24	4×8=32	5×8=40	6×8=48	7×8=56	8×8=64	
1×9=9	2×9=18	3×9=27	4×9=36	5×9=45	6×9=54	7×9=63	8×9=72	9×9=81

听你这样解释，我就有思路了。新建变量"乘数 1""乘数 2""积"，变量"乘数 1"和变量"乘数 2"依次表示乘法口诀中的两个乘数，变量"积"就是这两个乘数的积。

当变量"乘数 1"和变量"乘数 2"都是 1 时，1×1=1，新建列表"乘法口诀"，将"1""1"得"1"放进列表。为了避免语音朗读时出现错误（如将"1""1"读成"11"），在所有数字变量的后面都增加一个空格，确保可以读出一一得一。

虽然你这样做有点儿道理，但还是有不足，例如，3×4=12，总不能读成三四得十二吧。

有道理，是得考虑周全。那么只有当积小于 10 时，才需要加"得"字，其他情况下都不需要。空格都要记得添加哦。

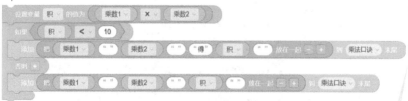

以九九乘法表的第一列为例，从一一得一到一九得九，第一个算式中变量"乘数 1"和变量"乘数 2"相等，最终变量"乘数 2"等于 9，也就是当变量"乘数 2"大于 9 时，这段代码就不执行了。同一列中变量"乘数 1"不变，每次执行完一个算式都要将变量"乘数 2"增加 1。

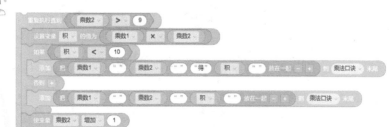

你的分析非常重要，现在每一列的乘法口诀都可以自动判断。接下来，就是重复执行 9 次，让 9 列乘法口诀都执行。每次循环开始都让变量"乘数 1"增加 1，变量"乘数 2"的值设置和变量"乘数 1"相等，做好每一列的初始化。

运行程序测试一下，是不是 45 句乘法口诀都出来了？

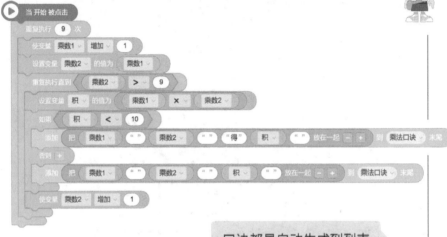

口诀都是自动生成到列表里的。界面有点儿简单，我们可以把画布的显示比例设置为 16：9，最终得到宽屏幕下的效果。再通过画笔绘制乘号和等号，得到如下图所示的设计效果。

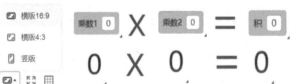

 智慧戏台

突然想起来，如果乘法口诀能自动朗读就好了，可以方便二年级小学生的听和记忆。

无论是 Kitten 还是 Mind+，都有 AI 朗读文本的功能。在源码编辑器中有 3 个相关的积木。

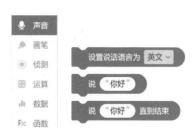

我试了一下，真的好用，除了中文还有其他四种语言，不过要输入对应的语言才能识别并朗读。

新建变量"i"，关键代码就是这一句了，后面就是依次说出乘法口诀列表中的第 i 句。

是的，处理列表我们前面已经积累经验了，说乘法口诀的代码需要执行 45 次，也就是列表的长度，每次将变量"i"加 1，如右图所示。

将这段代码连接上后，我还是觉得有点儿不完美。例如，在朗读 2×7=14 时，就会变成二七么四，没办法和正确的读法完全一样。

是的，目前的程序在体验上是有不足的。但这种问题并不是不能解决的，需要多加几个条件，多预设几种可能，才能确保按照最佳的读法进行朗读。

我有个方法，可以保证读出来原汁原味。我太喜欢听乘法口诀了。

原来列表不是自动生成的，而是你打字生成的，这样做读出来的效果能不好吗？

是有点儿累，不过想用程序自动生成也是有方法的，就是麻烦点儿。有兴趣的话，大家可以自己试试看哦。

第6章：获奖喵喵谈设计

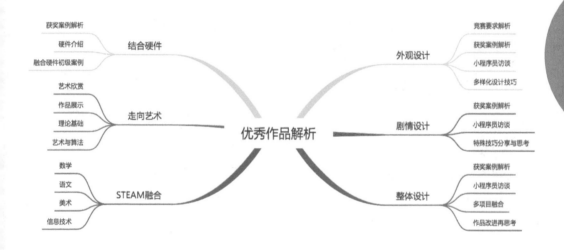

优秀作品解析

结合硬件
- 获奖案例解析
- 硬件介绍
- 融合硬件初级案例

走向艺术
- 艺术欣赏
- 作品展示
- 理论基础
- 艺术与算法

STEAM融合
- 数学
- 语文
- 美术
- 信息技术

外观设计
- 竞赛要求解析
- 获奖案例解析
- 小程序员访谈
- 多样化设计技巧

剧情设计
- 获奖案例解析
- 小程序员访谈
- 特殊技巧分享与思考

整体设计
- 获奖案例解析
- 小程序员访谈
- 多项目融合
- 作品改进再思考

从本章开始，会展示一些中小学生参加市级、省级、国家级竞赛设计的获奖优秀案例，为读者讲解程序设计时会遇到的问题和解决方案，还会介绍作品的设计方法，这些宝贵的经验平时可不会轻易分享的，快拿出笔和本，记录一下对你来说有用的部分吧。

6.1 程序也讲颜值（品味诗词之美）

首先，我们从程序的颜值讲起。先不论程序代码写得好不好，算法难度高不高，很多技术高超的读者一直会有疑问，为什么我编写的程序这么棒，既用了简洁高效的算法又进行了创新，为什么作品没有得一等奖，甚至没有得奖。

面对一个参赛投稿作品，我们的身份不仅是小程序员，我们还是这个作品的设计师、音效师、编剧、导演……基于这样的思考，我们设计出来的作品，才会让人眼前一亮，作品才会像金子一样闪闪发光。

我们想要设计优质作品，就需要思考优质作品的特质。在比赛中是有明确规则的，很多人没有看比赛规则的习惯，往往是随便设计一个作品就提交了。以中国科学技术协会的编程比赛为例，相关竞赛要求如图 6.1 所示。

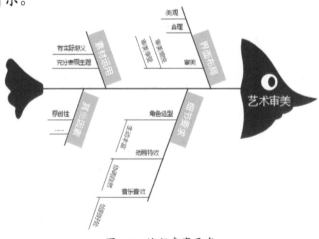

图 6.1 编程竞赛要求

接下来以作品《品味诗词之美》为例，选取了作品的部分界面截图，如图 6.2 所示，请思考一下，这个作品的设计有哪些优点？

图 6.2　《品味诗词之美》的部分界面截图

编程影院

不愧是优秀的小小程序员，整个作品的设计感十足，充满古色古香的韵味，让人沉浸于美好的文学世界。这里我想对许同学做一个小采访。
问题 1：这些背景和角色造型特别漂亮，你是怎么设计出来的？

| 品味诗词之美2 | 飞花令 | 上下接句 | 看图猜题 |

作品的名称是《品味诗词之美》，因此我设计的背景是以中国风为主，在 PPT 中的模板里寻找具有中国风元素的素材，再将素材重新设计成自己喜欢的背景，例如，屏幕 2 的山峰是利用不同的云层叠加而成的，有些图片的处理利用的是 Photoshop 软件。

作品里的标题、字体、背景、排版全部都在 PPT 办公软件上完成，调整到自己满意后，把所有的背景、文字保存为图片格式，放到源码编程器里，根据排版效果来操作与调整。

竟然还有这种好方法，先做好 PPT 再设计程序，我学到了，要把这个方法记录下来。
问题 2：以屏幕 2 的项目选择界面为例，"飞花令"这个标题要如何设计呢？

除了 PPT 模板自带的标题，大多数情况下是利用 PPT 办公软件里的艺术字进行设计的，选择自己喜欢的效果，再保存为图片格式，最后放进源码编辑器里使用。

问题3：以屏幕6的诗词填空为例，很多标题有动态飘浮效果，这是如何实现的？

主要利用积木组外观中的 将 颜色 特效增加 10 积木，最终实现标题的动态飘浮效果。我先把 将 颜色 特效增加 10 积木中的两个空格分别填上"波纹"与"1"，即 将 波纹 特效增加 1 ，重复执行 10 次，然后积木变成 将 波纹 特效增加 -10 ，按照设置一直重复。

问题4：你是如何想到要设计飞花令小游戏的？你是如何设计的？

中华诗词涵养着我们的心田，陶冶着我们的性情，是我们中华儿女的精神养分。为营造书香氛围，激发同学们的学习热情，所以我设计了这个作品，这个作品可以让同学们在玩游戏中学诗词，在学诗词中玩游戏。

我在设计时将整个作品分成三个部分。第一部分利用选择的方式进行诗词答题，第二部分通过语音进行飞花令，第三部分则是古诗填空。这三个部分答题的方式不重复，所以答题时不会感到枯燥，也可以让同学们运用不同的方式学习更多的诗词。

问题 5：对于这个获奖作品，你认为还有改进的空间吗？

有的，在第一部分点击选项时，必须点到文字才可以，如果点击到文字中的空白位置，程序没办法继续，目前还没想到应该怎么处理。

感谢许同学，一个优秀的作品一定有很多亮点，这个作品我们只了解关于设计的部分，希望大家在完成作品时，也要多关注设计层面，让自己的作品更具有美感。好的作品往往是多层次、多角度的综合，如下图所示。平时我们可以学一学图片设计或绘图软件。

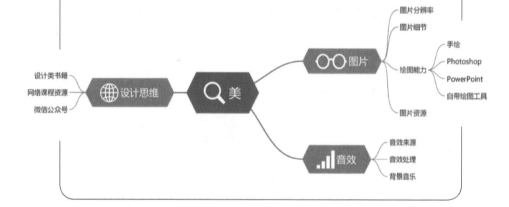

 智慧戏台

接下来，我们再介绍一个作品，这个作品的设计者也是女生。她创造了一个纪录，从小学到初中，再到高中，她都在中小学计算机制作比赛（信息素养比赛）中获奖，多次在国赛中获奖。我们先看看她设计的手机 App 的界面吧。

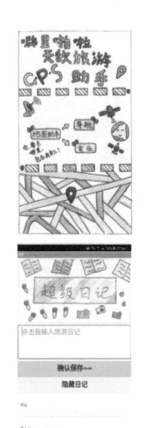

设计这个作品时林同学还是小学生，现在的林同学已经是高中生了，现在我想问林同学几个问题。

问题 1：这个作品是用什么软件设计的？

用的是安卓 App 开发软件：App Inventor。这个编程平台也是图形化的，可以便捷地制作安卓手机能安装的格式为 .apk 的文件。

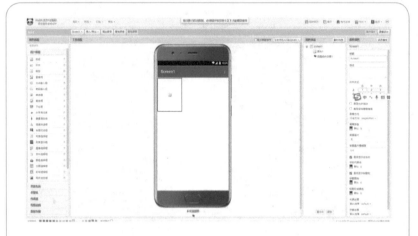

问题 2：角色的图片造型很有意思，听说去参加比赛时，还得到评委们的高度肯定，你是如何设计的？

作品内的素材采用的是手绘的形式设计的。

问题 3：这个回答有点儿抽象啊，你为什么用这样的形式设计这些图片呢？

在纸上手绘然后扫描，再利用计算机绘图。一方面是为了提升作品的观赏性，另一方面，与当时人们处理素材的传统方式不同，我认为手绘作品的素材是一种与众不同的形式。

问题 3：作为一名编程优等生，你有什么想对大家说的吗？

在我看来，编程是打开新世界的钥匙，是因为热爱，所以一切困难都不会阻挡我前行的脚步。我想告诉大家，只要你热爱，就尝试去做、努力去做、坚持去做。

在保证作品质量的前提下，我们都希望别人在打开我们的作品时，都惊讶于这个作品的呈现。上面的两位小"码农"告诉我们，最重要的是热爱，是愿意尝试。当然，技术的发挥是有技巧的，她们的独家技巧，你也可以试试哦，相信你一定会大有收获。

6.2 程序也讲剧情 1（守护"瞳"真，助力"双减"）

我们都知道，好作品的程序代码要简洁高效，要有设计感，这一节我们要从另外一个角度聊一聊，如何在作品中讲好故事，突出剧情。这一节的案例来自小李同学的获奖作品《守护"瞳"真，助力"双减"》，我们先看看这个作品的部分界面截图，如图 6.3 所示。

  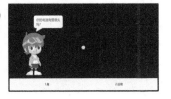

图 6.3 《守护"瞳"真，助力"双减"》的部分界面截图

小李同学的作品由 4 个部分组成，本节我们只关注第一部分：护眼小剧场。我们可以思考并尝试一下，怎样在作品中设计小剧场？接下来我们和小李同学聊一聊。

编程影院

问题 1：为什么作品的主题会聚焦保护眼睛和"双减"政策？

聚焦保护眼睛是因为近年来青少年的近视率已达 52.7%，我想提醒大家正确用眼。"双减"政策倡导青少年积极锻炼，保护眼睛也要求青少年多运动，多在室外活动，所以我最终确定了作品的主题。

选择热点事件作为作品主题，是一个非常好的选择。
问题 2：作品的第一部分是护眼小剧场，这段剧情很有意思，请问你是如何实现的？请详细说明一下。

首先，我将动画截成一张张图片，再让图片快速地播放，然后将声音与字幕匹配，这样就完成了。

这个回答太简单啦，听说你当时在设计作品时花费了很长时间，就为了让图片和声音匹配。
问题 3：作品中的音乐和画面配合得很好，有独特的技巧吗？

我的技巧就是要先确定声音会在什么时候出现，然后在合适的位置配上音乐，最后进行调试。

其实，要把音乐和画面匹配好真的不容易，作品中有一二十个声音素材，剧场造型有 84 个，截取 84 张图片并导入程序可是个大工程。

造型　声音　数据

🔊 添加声音　🎤 录音　📄 导入

🎵 背景音乐开心愉快

音量 100

速度 100

🎵 篮球进篮1

🎵 篮球接球

🎵 背景音乐开心愉快

025(79)
80

025(80)
81

025(81)
82

025(82)
83

025(83)
84

首先是初始化，当屏幕切换到当前屏幕，进行适当的语音说明并先停止所有声音，然后开始播放指定的背景音乐。

造型的切换时间和很多因素有关，这里需要不断地调整。有时会出现几帧造型切换的时间不同的情况，需要不断地单独调整。只有不断地将画面和音乐匹配，才能发挥剧情的作用。

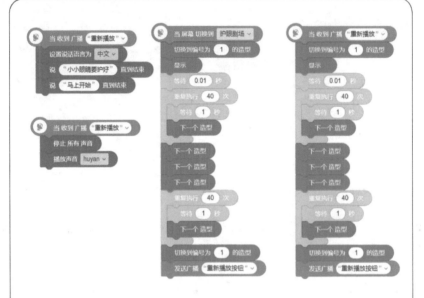

问题 4：你是如何设计或者收集作品中的素材的？

我会在搜索引擎中找到一些相关主题的素材，然后加入一些艺术元素。例如，护眼小剧场的造型、声音素材都来自搜索引擎。而我们的神秘游戏则采用了人工智能技术，是结合摄像头设计的。

你刚刚提到了神秘游戏。
问题 5：在神秘游戏这个项目中，你用到了人工智能的技术，请问你是如何运用的？

首先利用摄像头将照片上传至程序后台。人工智能技术通过各项特征可以识别照片中的人的性别、年龄、是否佩戴眼镜等。

当屏幕 切换到 AI游戏 ∨

询问 "你的电脑有摄像头吗？" 并选择 "1.有" "2没有" — +

如果 获得 选择项数 = ∨ 1
　摄像头 开启 ∨
　设置 视频透明度 50 %
　新建对话框 "让我用人工智能识别你的情况吧！"
　拍摄或上传图像 识别人脸
　如果 性别为 男生 ∨
　　新建对话框 "经过了解，你是男生"
　否则 +
　　新建对话框 "经过了解，你是女生"

　新建对话框 把 "大概" 人脸年龄结果 "岁" 放在一起 — +
　如果 眼镜佩戴为 普通眼镜 ∨
　　新建对话框 "很遗憾，你已经佩戴眼镜了，我们欣赏一下艺术动态画，保护眼睛吧。"
　否则 +
　　新建对话框 "太好了，你没有佩戴眼镜，我们欣赏一下艺术动态画，保护眼睛吧。"

　新建对话框 "等下点击屏幕就可以进入下一个护眼环节！"
　发送广播 "动态画" ∨
否则 +
　新建对话框 "真可惜，AI功能无法使用，我们一起看看艺术动态画，保护眼睛。"
　发送广播 "动态画" ∨

这样的代码真有趣，说实话，我一直以为人工智能技术的应用特别难，这样一看，好像也很简单啊。
问题 6：你最喜欢这个作品的哪个部分？你认为还有改进的空间吗？

我最喜欢的是神秘游戏这个部分，因为它运用了人工智能等多项技术。我认为在护眼小剧场可以尝试其他方法来提高画面和声音的匹配。

感谢小李同学的分享，以后大家在设计作品时，如果需要引入剧情设计，有两种选择：一是像这个作品一样，作为其中的一个环节单独进行设计，二是将整个作品都融入剧情中，后面我们会深入研究这种情况。

6.3 程序也讲剧情2（与 AI 前行，逐梦未来）

　　故事剧情可以是作品的其中一个部分，也可以在整个作品中加入剧情元素，让剧情引导整个作品。初中生大李同学的获奖作品《与 AI 前行，逐梦未来》很有特色，一开始就是一段剧情，让人有穿越未来的体验，如图 6.4 所示，作品的最后部分不仅让人体验完整的剧情，还引发人们思考。

图 6.4 《与 AI 前行，逐梦未来》的部分界面截图

编程影院

大李同学你好，我们直奔主题，先从最基本的问题开始。
问题 1：为什么想设计这个主题的作品？

单纯的阐述会有点儿单调和乏味，如果既想要正确传达想展示的内容，又想让参与者自发地去发掘内容，这需要创新和突破，所以我采用穿越的方式，以此来反映现在与二十年之后的对比。游戏中的二十年后的美好场景是需要现在的我们不断努力才能实现的，因此进一步强调青年人要努力追求梦想，追求未来的主题。

说得真好，作品的主题要符合正确的价值观，这是值得我们注意的。
问题 2：可以完整地介绍一下作品的剧情部分吗？

首先主角阿 U 误食药物而沉睡，然后穿越，来到二十年后，这作为一个引子，展开介绍了二十年后的科技发展成果。接着在我们不同的选择下，会打开不同的地点，共同见证二十年后已经成熟的、先进的科技成果。最后由于在冬眠医院发生的变故，主角阿 U 回到现实，期待并努力地向美好的未来前进。

问题 3：这个作品的剧情很长，你是如何在程序中实现如此长的剧情的？做了哪些准备呢？

首先需要构思一个完整的框架，搜集相关资料，接着在程序设计方面，需要将每部分内容分成一个个小环节，将每个环节再分为更小的小节，再一点一点地连接，组成完整的作品。

大李同学的逻辑很清晰，先有框架，再收集资料，最后才是程序设计。这个作品在初始剧情过后，就分成了环境工作院等部分，有多样化的体验。

问题 4：作品中你对哪个部分最满意？你是如何实现的？

作品中有一个部分是采用先进的科技分解垃圾，我认为这个部分很有意思，也让我自己很满意。为了更形象地展现，我们采用游戏形式，通过游戏中的高科技设备将垃圾分解。这样的小游戏会使剧情线索增添可玩性和趣味性，并且不脱离主题。

设计这个作品时大李同学非常认真, 用了 36 个角色、18 个背景、25 个广播, 对话内容十分丰富。

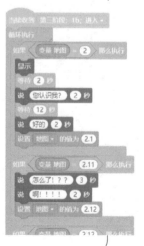

问题 5：这个作品，你觉得有需要改进的地方吗？

如果可以的话，我觉得可以将这个作品继续向下延伸，将自己的其他想法加入其中，从而使它成为更有趣、更丰富的作品。同时，在设计方面，也可以更精美、更细腻。

感谢大李同学的耐心回答，相信大家可以从中学到一些设计作品的小技巧。针对这个作品，我这里也有一个建议，就是每次程序一运行，都要等待一段剧情，如果只是想体验其中的小游戏就比较麻烦。可以设置一些按钮，用于跳过剧情，让程序体验更好。程序作品的设计没有固定方法，鼓励大家发挥想象力，用多样化的方法尝试设计不同的作品，在这个过程中，我们的编程能力才会不断地进步。

6.4 程序也讲整体（"五星"AI 智慧平板）

　　如何衡量一个作品是否优秀？正如木桶理论，一桶水能装多少，取决于最短的一块木板。这次要分享的获奖作品出自三年级的小学生吴同学，作品的名称是《"五星"AI 智慧平板》。这个作品不同于其他游戏和故事类的作品，而是模拟实现一个操作系统，进入这个系统后，有各种各样的 App 可供使用，如图 6.5 所示。

图 6.5 《"五星" AI 智慧平板》的部分界面截图

 编程影院

吴同学好，按照惯例，我需要先问一个问题。
问题 1：为什么想设计这个主题的作品？

随着经济的发展，电子产品越来越多，可是大部分的计算机系统是 Mac 操作系统或 Windows 操作系统。而手机或平板系统大部分是安卓系统或 iOS 系统。我想制作一个仿平板系统程序，可以让更多的中国人用我们自己开发的系统，让更多人通过这个平板系统学习和生活。

真了不起，想不到你小小年纪就有这样的认识。
问题 2：我发现正式进入作品之前，需要验证密码，颜色密码验证这个想法很有趣，你是如何设计的？

根据密码提示将颜色球拖动到对应的格子中，全部正确后会解锁成功。通过设置开机变量来统计正确的颜色球的数量，当变量值等于 4 的时候代表全部正确，即可成功解锁。

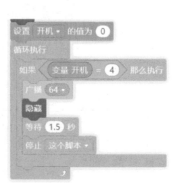

自己截图进行说明，准备得相当充分。我看颜色密码这个关卡很像数学课中的简单推理，能结合数学知识设计密码关卡，这是个好创意。

颜色密码

红色不放在第三第四
黄色不放在第一第三
绿色不放在第一第二
蓝色放在第三

问题 3：这个智慧平板里有很多 App，你能详细介绍一下这些 App 吗？

平板里一共有 6 个 App。相片 App 中有精美的图片可供欣赏。

腾讯 App 中有两段影片可供播放，娱乐 App 中有跑酷和贪吃蛇两款游戏。

请点击选择影片观看

数学小帮手 App 中有计算器和数学豌豆射手，艺术 App 中有音乐和美术两个功能。

语文 App 中有乌鸦喝水和唐诗三百首。

看来这个平板系统的功能很丰富，值得五星好评。

问题4：请挑选一个你最满意的App，介绍一下这个项目的编程方法。

> 我最满意的是语文App中的唐诗三百首，使用时出现唐诗的前一句让使用者接后一句。
>
> 主要用到列表存储诗句，然后通过"询问并等待"指令得到回答，最后结合变量重复执行列表的项数次数进行答案对比。

用列表存储信息是个好方法。

问题5：这个作品你认为有需要改进的地方吗？

需要改进的地方主要是颜色密码验证和健康检测功能。在进行颜色密码验证时，将颜色球拖到密码空格中，它偶尔会突然消失，目前还没有很好的解决方法。同时，我也想再设计一个时钟结合健康检测 App，这样能更好地进行时间播报和疲劳指数提醒。

有问题不要紧，慢慢地解决也是编程的乐趣之一。期待吴同学以后能将这个作品升级得更棒，同时也希望他能做出更好的作品。

程序作品在开发设计时可以是单一的主题，从头到尾就只有一个项目，也可以是整体里面有多个项目。关键是设计时要从整体考虑，可以利用思维导图进行立项，然后再进行设计。

6.5 程序也讲软件、硬件互动（智能护绿森林）

在前面，我们介绍了很多的计算思维和设计思维，在这一节我们来聊一聊智能思维。前面的案例已经涉及人工智能技术，甚至有的案例的主题就是围绕人工智能进行设计的，同时还用到了其他外置硬件，如摄像头、麦克风。那编程平台能加入开源硬件，如 Arduino、micro：bit 等，去实现多样化的创意吗？

答案是肯定的。这一节的案例的创作者是一位能力强、颜值高的小帅哥，他同时获得福建省程序设计和创客赛一等奖，进入了信息素养比赛、国赛，均获奖。

这个作品的名称是《智能护绿森林》，接下来我们一起看看陈同学作品的外观吧。

图 6.6 《智能护绿森林》的部分作品

 编程影院

这个和编程没关系吧，这不是手工制作吗？

不是这样的，这是在程序设计中融入开源硬件和外观设计，先给你看看作品的部分界面截图和代码截图吧。

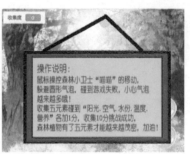

我仔细观察了一下，这些代码只是针对角色"松甲虫"，而需要的角色还有很多，原来加了硬件，编程也是不容易被理解的，难度丝毫没有降低。接下来还是要问你几个问题。

问题1：请阐述一下这个作品的创作思想，如背景、目的、意义。

由于人类砍伐树木，大量森林都消失了，焚烧树木的过程也破坏了地球生态系统，加剧了全球气候变暖，这导致昆虫数量增加，引发了树木的疾病。因此，我设计了和保护森林有关的程序作品，呼吁人们要注意保护森林，重视环境保护。

问题2：在创作这个作品的过程中，你运用了哪些技术或技巧来完成主题创作？哪些地方是你的得意之处？

简单说一下我的设计思路：世界环保组织派森林小卫士"喵喵"去收集植物所需的元素，目的是维护生态系统，净化空气，消灭"松甲虫"，保护森林，恢复被破坏的森林环境。

这个作品是基于 Mind+ 进行设计的，分为四个模块。首先是模拟现实森林，设计了"花花世界"模块，外接 Arduino 传感器模拟智慧森林运行系统，包括自动化灌溉系统、防火系统、通风系统、显示系统等，希望未来的森林能更加智能、更加安全。

第二个模块是"光合作用"模块，设计环保科普动画，从光合作用的原理和意义出发，了解森林的重要价值。

后面的"护绿森林"和"拯救松树林"为游戏模块，让人们在紧张刺激的游戏中，为保护森林而战斗，学习保护森林的知识，引发人们的思考。

问题 3：刚刚你提到了 Arduino，你还用到了哪些其他的硬件？

主要用到了 Arduino 主控板、扩展板、土壤湿度传感器、火焰传感器、灯带、12V 电源、继电器、水泵、光线传感器等。

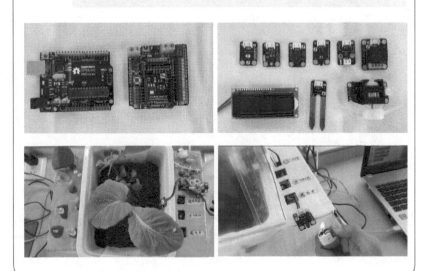

问题4：为什么这些硬件可以和程序同时运行？

Mind+ 有实时模式，如下图所示，支持硬件和程序同时运行。如果想要把程序下载到主控板，脱离计算机独立运行，使用上传模式就可以。

问题5：在小学生和初中生群体中，用 Arduino 的人比较少，我这里有 micro：bit，请你说明一下如何实现主控板和电脑的实时互动？

在 Mind+ 界面的左下角，有 扩展按钮，在主控板选项中，选择我们需要的主控板类型，再点击返回就可以。

好的，我测试成功了，当选中 micro：bit 主控板并点击返回时，积木区会出现 micro：bit 相关积木，用 USB 数据线连接主控板，单击连接设备，选择对应的主控板设备即可。如果是第一次连接主控板，可能需要一键安装串口驱动。

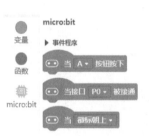

如果你有 micro：bit 或主控板，我们一起做一个简单的小测试吧。首先连接主控板，连接设备。写入如下图所示的程序，当主控板的 A 键被按下时，显示向左箭头，角色向左移动；当主控板的 B 键被按下时，显示向右箭头，角色向右移动。

是不是很有趣？是不是发现程序设计也很好玩？可以充分发挥想象，让我们的程序更有特色。优秀的程序可以是设计得很优美，也可能算法有深度，还可能结合了人工智能技术或开源硬件，但是不能贪大求全，专心设计有特色的部分更重要。当然，动手去尝试编程是最重要的，不管你的目的是要设计一个超棒的程序作品还是为考级而刷题，都可以。好啦，好啦，拍拍手、跺跺脚，一段奇妙的编程之旅即将结束，希望你能通过本书找到打开编程之旅的钥匙。

第7章：编程喵喵有话说

一、欣赏图案

在我们的生活中，几何图案随处可见，它广泛应用于建筑设计、服装设计、平面设计以及各种产品的外观设计中。本章将运用数学知识与美术知识，用 Scratch 软件设计一幅美丽的几何图案。在本章，你可以学习到设计几何图案的方法、步骤以及重复构成、特异构成、渐变构成等设计图案的方法。

如图 7.1～图 7.3 所示，看到这些漂亮的图案，你是不是也想自己设计一幅美丽的几何图案呢？你可能不知道从何开始，这就像阅读别人的文章一样，自己会阅读但不一定会写。不用着急，我们先欣赏一下别人的优秀作品吧。

图 7.1　建筑外观中的图案

图 7.2　服装图案

图 7.3　物品图案

如图 7.4 所示，一张美丽的几何图案由造型、色彩和构成方式三个要素组成。有些图案虽然看起来很复杂，但是如果仔细观察，我们将会发现它们其实都是由一些基本图形组成的。我们逐步将图7.4 进行分解，第一次分解出如图 7.5 (a)、图 7.5 (b)、图 7.5 (c)、图 7.5 (d) 所示的四张图形；第二次再将这四张图形分别分解为更基本的图形元素。

图 7.4 （设计者：晋江市实验小学 2010 届毕业生林家欣，设计时间：2009 年）

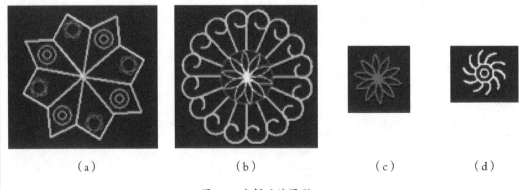

（a）　　　　　　　　　　（b）　　　　　　（c）　　　　　　（d）

图 7.5　分解后的图形

设计好如图 7.5 (a) ～ (d) 所示的基本图形之后，可以使用骨式图对这些基本图形按照一定的规则进行编排，这样就可以构成如图 7.6 所示的图案。骨式图可以使用画图软件来绘制，也可以在纸上绘制然后拍照或扫描到计算机中。

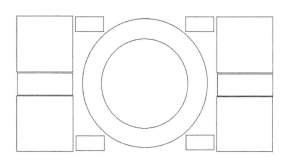

图7.6 骨式图

在设计几何图案时，通过骨式图以及基本图形的不同变化，可以设计出丰富多彩的几何图案。

什么是骨式图？

骨式图在设计领域中也被称为骨骼，骨式图的作用是编排基本图形和基本图形的位置。如图7.7所示，我们在日常生活中见到的田字格、米字格、回字格、五线谱等都是骨式图。

图7.7 生活中见到的骨式图

二、设计图案

如果想设计几何图案，首先要设计一些构成几何图案的基本图形元素，即基本形，如图7.8所示，它是构成几何图案的基本单位，包括点、线、面等。基本形有形状、颜色、大小、线条粗细等特性。

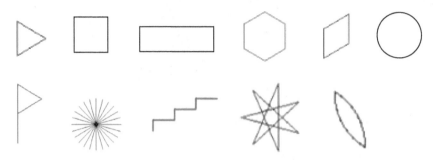

图 7.8　最简单的基本图形

　　将一些最简基本形通过"搭积木"的方法组合起来，可以组成组合基本形。设计组合基本形有以下方法：

　　（1）图形平移

　　图形通过平移重叠，可以呈现奇妙的图形效果。图 7.9、图 7.10 分别是由相同大小的正七边形和正三角形平移重叠组成的；图 7.11 是由三角形平移但不重叠组成的；图 7.12 是由每个正方形从左向右逐渐增大组成的。

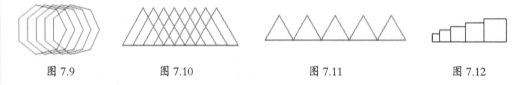

图 7.9　　　　　　　　图 7.10　　　　　　　　图 7.11　　　　　　　　图 7.12

　　（2）图形旋转

　　图 7.13 是图形旋转的示例。

图 7.13　图形旋转

　　（3）任意组合

　　图 7.14 是图形任意组合的示例。

图 7.14　图形任意组合

上面展示的基本形可以在 Scratch 中编写脚本绘制。一些不容易编写脚本绘制的基本形可以在 Scratch 的绘图板中绘制，然后利用图章进行组合。

三、绘制骨式图

设计好基本形之后，就可以开始设计骨式图来排列基本形，通过不同的组合方法可以设计出意想不到的图案效果。

Scratch3.0 的绘图编辑器没有标尺和网格，所以绘制九宫格时会不方便，需要用眼睛来确定每条线段的位置。计算机的绘图软件有标尺和网格，我们可以使用它来绘制九宫格图形，绘制好图形后再将标尺和网格隐藏，然后将绘制好的骨式图——九宫格导入到 Scratch 中，如图 7.15 所示。

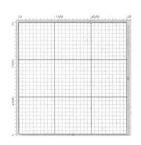
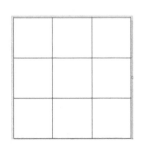

（a）带标尺和网格的　　　（b）300×300 像素的　　　（c）将骨式图导入 Scratch
绘图软件　　　　　　　骨式图——九宫格

图 7.15　绘制九宫格的过程

我们可以用鼠标拖动角色"甲壳虫"到方格的中心位置，然后运行脚本让角色"甲壳虫"绘制基本形，如图 7.16 所示。用鼠标拖动角色到指定位置绘图的这种方式比较简便，但是角色所放置的位置会有偏差，适合在初步设计图案时使用。

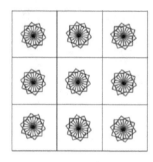

图 7.16　保留骨式图

为了比较精确地控制角色的位置，我们可以使用"移动步数"或"移到坐标位置"脚本来移动角色到指定位置。在其他绘图软件中，画好的骨式图导入到 Scratch 之后，要根据实际情况对角色的画图位置进行微调。运行如图 7.17 所示的代码即可画出如图 7.16 所示的图案。

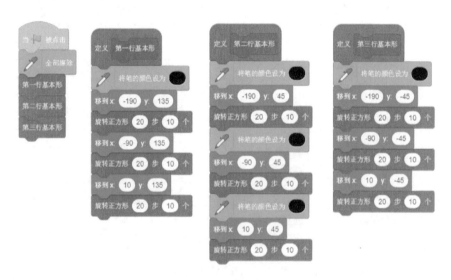

图 7.17　程序代码

在我们的生活中，到处都有特立独行的存在，绿叶中的一朵花，夜空中的一轮弯月，鹤立鸡群中的"鹤"……，"特立独行"在设计中有着很重要的位置，它能引起人们的视觉注意，形成视觉中心。在骨式图中放入一个大小、颜色或者方向不同的基本形，甚至放入一个形状不同的基本形——由 5 个正方形旋转组成的图形，这样可以使这个不同的基本形突出并产生不同的视觉效果，如图 7.18 所示。

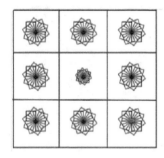 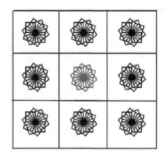 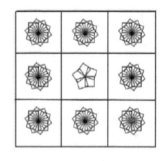

（a）大小特异　　　　　　（b）颜色特异　　　　　　（c）形状特异

图 7.18　骨式图中放入特立独行的基本形

只要修改如图 7.19 所示的红色虚线框中的部分程序代码，就可以分别画出如图 7.18（a）、图 7.18（b）、图 7.18（c）所示的图案。

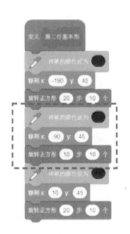 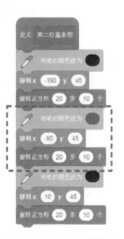 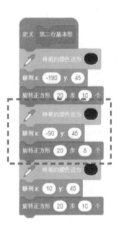

图 7.19　修改后的部分程序代码

四、应用骨式图

在日常生活中我们会经常见到一些现象，如近大远小、近高远低等，这些现象被称为渐变，渐变方法已被广泛地应用于建筑设计、服装设计、工业设计、包装设计等领域。利用渐变原理可以设计出富有节奏感和韵律感的图案。我们可以通过改变基本形的形状、大小、颜色、位置、方向来达到渐变的目的。绘制出大小和颜色渐变的骨式图，图片和代码如图 7.20 所示。

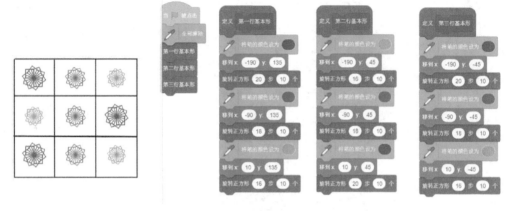

图 7.20　绘制大小和颜色渐变的图片及对应代码

绘制形状和位置渐变的骨式图，图片和代码如图 7.21 所示。

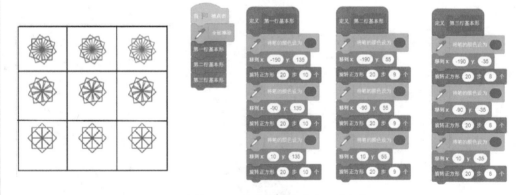

图 7.21　绘制形状和位置渐变的图片及对应代码

附录

学生设计的图案

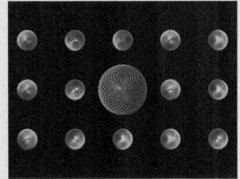

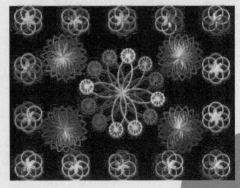